简微专利
产品化

曹林涛———— 著

知识产权出版社
全国百佳图书出版单位
——北京——

图书在版编目（CIP）数据

简微专利产品化/曹林涛著. —北京：知识产权出版社，2023.10
ISBN 978 – 7 – 5130 – 8936 – 4

Ⅰ.①简… Ⅱ.①曹… Ⅲ.①专利技术—成果转化—研究—中国
Ⅳ.①G306

中国国家版本馆 CIP 数据核字（2023）第 191016 号

责任编辑：刘　江　　　　　　责任校对：王　岩
文字编辑：潘凤越　　　　　　责任印制：刘译文

简微专利产品化

曹林涛　著

出版发行：	知识产权出版社有限责任公司	网　　址：	http://www.ipph.cn
社　　址：	北京市海淀区气象路 50 号院	邮　　编：	100081
责编电话：	010 – 82000860 转 8344	责编邮箱：	liujiang@ cnipr.com
发行电话：	010 – 82000860 转 8101/8102	发行传真：	010 – 82000893/82005070/82000270
印　　刷：	天津嘉恒印务有限公司	经　　销：	新华书店、各大网上书店及相关专业书店
开　　本：	880mm×1230mm　1/32	印　　张：	6.5
版　　次：	2023 年 10 月第 1 版	印　　次：	2023 年 10 月第 1 次印刷
字　　数：	156 千字	定　　价：	48.00 元

ISBN 978 – 7 – 5130 – 8936 – 4

前　言

简微专利，顾名思义，是结构简单、方法简单、技术原理简单，文字记载简洁，转化应用简单，资金投入也比较少的专利。与高难度专利相比，简微专利，不仅容易理解，而且更容易转化应用。简微专利产品化，就是把简微专利以可批量生产的可销售或使用的实物呈现。"简微专利产品化"，是笔者偶然进入知识产权领域后，由申请专利的盲目摸索到自主兴趣，到产品开发，再到应用尝试中的积累。笔者在专利申请实践中，少部分是代理帮扶，大部分是自主申请，因而积累了一些可供读者讨论的经验和想法。

从创新思想萌芽到完整的申请文件，从专利陈述与授权到小产品的开发与应用，没有经历的话是难以体会个中酸甜的。错误多了，就会有积累；积累多了，就会有认知，才可能逐渐把产权意识与产品意识、转化意识相融合。转化是目的，产权是保障，产品是过程。因为产品化过程，不仅不再是闭门造车，而且专利质量会在其中逐步提升。本书结合专利的基础理论和笔者长期的实践经验，论述涉及专利分类、专利文件欣赏、专利培育、答复陈述、常见错误，产品化试验、转化实践，以及转化瓶颈与创业路径等。其中的材料不仅可用于专利申请教育，也可用于成果转化教育，尤其是专利质量提升教育。书中列举的实际案例内容，适用于交通工程、道路工程、市政工程与海绵城市等领域的技术交流与实践参考。

本研究获得湖北省高校院所知识产权推进工程项目资助（"2017 年高校知识产权推进工程——基于物化专利过程促进成果转化实施"），得以系统思考普通技术人才的专利生成路径。在后续研究中，本研究还获得"新能源汽车与智慧交通"湖北省优势特色学科群资助以及湖北文理学院创新创业教育教学研究专项的支持。书稿的出版，离不开湖北省知识产权局项目的资助，也离不开湖北文理学院的支持。除此之外，书稿涉及大量实践分析，成中台、严玉萍、李东平、罗雷、范青青、严崇姚、王力等给予了必要的帮助。

目　录

第一章　简微专利概述

专利技术或具有专利潜力的技术并不是高不可攀的，它们一直存在于日常生活与社会生产中。以自行车为例，国内外的发展就有明显差异。我国侧重于代步，追求物美价廉；欧美发达国家侧重于运动，追求个性化。伴随城市化的快速推进，有桩公共租赁自行车曾经在我国城市中盛行一时，但是由于存取不方便，逐渐被市场淘汰，取而代之的是共享单车（见图 1 - 1）。共享单车在城市街头的风光时刻，几乎宣告了轻资产共享经济的到来，而共享单车之所以在市场上繁荣，主要得益于移动支付、智能锁等核心技术的发展，自行车本身则更多的只是一个商业载体。显然，这几项技术（可通俗地称为"黑科技"）都涉及智能制造，都是由许多专利集成的，并且都具备较高的通用性价值特征。相比之下，因为共享单车的黑色座椅垫在夏季会发烫，网络购物平台上也推出了 3D 网纹、银色镜面、铝箔/水/冰等防晒、降温垫，应有尽有。这类产品也有许多实用技术在里面，只是其战略与市场价值并不突出，一般归属于非高难度专利的普通专利。相比于对高难度专利受到的推崇，普通专利也应该有一个合适的"名分"，受到应有的重视。正如能够独立处理和解决技术或工艺问题的技师，也应该享受到工程师的礼遇。

图 1-1　某高校学生公寓附近的共享单车

第一节　技术创新与展现

一、技术创新的本质

1. 神话故事的内核

　　源远流长的中华文化中隐含大量创新思想与首创技术。神话故事是后世传颂的前人对生活的积极期许与寄托，蕴含物质性的创造要素。比如女娲补天、后羿射日、大禹治水等朴素的创意都体现了为民所用的创新本质，体现了生产工具的桥梁媒介，体现了敢为天下先、为民请命的大格局。《西游记》中神仙妖怪多有神通，比如哪吒脚踩风火轮前进后退上下自如、孙悟空挥动的如意金箍棒可大可小可长可短、铁扇公主手持芭蕉扇风起火灭等，都体现了"工欲善其事，必先利其器"。这些器与现实的生产工具明显不同，而是富有人工智能的先进的器，是能够高水平满足人类生存与发展需要的。显然，满足人类需要的器是创新内核。

2. 历史人物的发明

细数中华历史，重量级产品创新不可计数。除了耳熟能详的四大发明，还有筷子、豆腐、车船等。社会实践推动创新，曹冲发明了称大象体重的方法，曹操发明了冻结砂土冬天筑城的方法，诸葛亮发明了适合山地运输的木牛流马等。技术创新不仅是人类审美的需要，也是思想进步的要求，更是顺应生产力发展改造世界的实际体现。

隋朝匠师李春首创设计"单孔坦弧敞肩石拱桥"，并在赵县城南汶河上建造，后世称为"赵州桥"。赵州桥结构简洁轻巧，普通群众都可以看懂，更不用说桥梁领域的技术人员，可以说赵州桥是实用新型专利的典范。秦直道"依托山脊"且转弯处弯道很大，上下坡道部分路面宽敞平缓，体现了现代道路设计中平纵横的思想，"靠河、靠山和靠沟的一侧均建有夯土护坡"体现了路基防护的思想，"黄土粉碎、焚烧，加入盐碱，并反复碾压夯实"体现了筑路材料改性与压实的思想。可以说秦直道是黄土地区筑路方法的经典案例。秦直道的线路合理，路基路面施工工艺保障了耐久性，路人不一定懂，但是道路设计工程师与建造工程师可以读懂，是发明专利的典范。无论是赵州桥还是秦直道，大道至简，都是工匠担当满足社会需要。

二、技术的展现方式

知识经济是以科学技术为第一生产要素的智力经济，科技创新活动是知识经济发展的动力。❶ 科学与技术紧密联系，并不存在高低之分。科学知识基本上都不是封闭的，这就决定了理论知识传播的快捷性。彰显理论成果的学术论文可以通过学术期刊、互联网与学术会议等快速地传播；与此同时，高校院所的知识分子能够快捷地掌握理论知识，也擅于基础理论创新。相比之下，技术的传播较为缓慢，并以技术秘密、专利技术与软件著作权等形式存在。技术秘密作为没有公开的技术，其技术价值认可度及推广应用都受到限制。例如，民间中医多持有师徒传承的偏方与相应的诊治技术，这类技术秘密一直在有效有限地传承，且不做较大范围的公开。当然，对这类技术秘密，现代中医传承者也少有申请专利的，而更注重借助实用效果进行私人维系。专利不同于技术秘密，是经过严谨的信息检索后由官方背书的、有法律保障的公开技术，属于公开的法律层面的社会维系，这也决定了其价值认可度较高。专利违法是指做出违反《中华人民共和国专利法》规定的违法行为，主要包括专利侵权行为、假冒他人专利行为和冒充专利的行为。也就是说，专利技术的使用有严密的法律后盾。

虽然基础理论创新非常不易，但是对技术的推崇并没有达到应有的高度与肯定。一方面，表征学术水平的是纵向科研项目与高水平论文，专利在能力评价方面依然居于次要地位；另一方面，专利创新的本质只是技术方案，是否具备技术与经济可行性的问题并没有解决，也没有强制地付诸实质检验。专利创新在技术上是否可行，需要与生产企业（或工匠）结合进行验证，至

❶ 马天旗，赵星. 高价值专利内涵及受制因素探究［J］. 中国发明与专利，2018，15（3）：24 - 28.

于在市场上是否可行，需要与销售企业结合进行验证，也就是说，专利质量具有很大的不确定性。❶高校院所成果转化率低，不仅与重视创新的前端有关，更与没有付诸实施检验的中后端有密切的联系，而非经由实施与付诸市场的专利，就如同没有写字的白纸。高校科技成果转化率低，实质上是因为理论创新人才多于技术创造专才，或者说开发能力强于手工操作能力。简单地说，高校的创新技术经图纸并制造，不仅能在物化实现中发现创新产品的缺陷，而且能在物化实现中做出改进。专利不付诸市场导致知识更多地处于理论阶段，而不是实践阶段。

第二节　专利价值与功能

一、专利价值

专利价值或利益可以采取所有权转让、实施许可、自主实施、作价入股等多种成果转化应用方式实现。专利具有专谋私利或垄断的基本意思，具体包括以下几个要件：（1）专利权人享有专利权，即国家依法在一定时期内授予专利权人或者其权利继受者独占使用其发明创造的权利；（2）专利法保护的发明创造，即专利技术，是受国家认可并在公开的基础上进行法律保护的专有技术；（3）国务院专利行政部门颁发的确认申请人对其发明创造享有专利权的专利证书，或记载发明创造内容的专利文献，是可转化为物的技术记录。

---

❶ 韩秀成，雷怡. 培育高价值专利的理论与实践分析［J］. 中国发明与专利，2017，14（12）：8-14.

根据我国《专利法》的规定，专利有发明、实用新型和外观设计三种类型。发明证书的大红底曾述说着专利不寻常的价值，随着不断的改革或创新，如今我国国家知识产权局以电子专利证书替代了纸件专利证书。

发明是指对产品、方法或者其改进所提出的新的技术方案，而没有强调它是经过实践证明可以直接应用于工业生产的技术成果，由此，它可以是一项解决技术问题的方案或者构思。实用新型是指对产品的形状、构造或者其结合所提出的适于实用的新的技术方案，其专利保护范围较窄，即只保护有一定形状或结构的新产品，不保护方法以及没有固定形状的物质。一切方法以及未经人工制造的自然存在的物品不属于实用新型专利保护的客体。外观设计是指对产品的形状、图案或其结合以及色彩与形状、图案的结合所作出的富有美感并适于工业应用的新设计。发明专利的授权难度大，而且由于政策层面对发明专利的认可度高，一般而言，发明专利的交易价格显著高于实用新型与外观设计。而事实上，专利价值取决于技术市场及其应用于生产后创造的消费市场的价值。

二、专利的基本功能

高校院所是创新的主要载体，大规模的科技人才队伍、实验研发平台、专利、技术秘密均存在于此。高校院所进行专利创新的目的包括个人能力展示、项目结题、成果报奖、单位考核等软性指标要求，当然也不排除为市场应用而生的专利创新。一般情况下，普通高校院所的专利主要因创新考核而驱动，而不是市场需要。不可否认，成功转化的高校科技成果是具备实用价值的知

识产品或服务的知识转移，● 但是多数情况下，高校院所科技成
果市场针对性不强，转化应用困难。

　　高新技术企业进行专利创新的主要目的，包括高新资格的
认定与维护、规模以上企业的技术储备、创新能力标榜，以及
合法垄断获取市场竞争优势，❷ 也就是对市场的占有与对产品
的保护。显然，科技企业有创新考核驱动，更侧重于市场的技
术需要；对于跨国公司而言，则更侧重于抢占市场高地。专利
布局是指对企业某一技术主题的专利申请进行系统筹划，以形
成有效排列组合的精细布局行为。❸ 一般而言，规模以上高新企
业除创新考核驱动外，也与跨国公司具有一样的内在动力，即专
利布局。❹ 事实上，专利布局也是为未来的产品市场做技术储
备，以便获得竞争优势并抢占生存先机。❺ 对规模以上高新技术
企业而言，专利布局的成本相对低，性价比高。

　　中小企业进行专利创新的主要目的，包括创新能力的展示或
标榜、专利布局、进入产品市场。事实上，中小企业若要进入一
个领域，要么购买技术秘密或专利技术，要么拥有相近专利以进
入市场。因为生存与发展是中小企业存在的根本，在缺乏资金的
情况下，专利的市场属性必须发挥到极致。我国非常重视中小企

　　● 谢顺星，高荣英，瞿卫军. 专利布局浅析 [J]. 中国发明与专利，2012
（8）：24 - 29.

　　❷ 汪建斌. 宝洁公司在华专利布局态势分析 [J]. 中国发明与专利，2013
（3）：47 - 54.

　　❸ 刘运华. 建设知识产权强国背景下的专利布局策略探讨 [J]. 中国科技论
坛，2016（7）：43 - 47.

　　❹ 岳宇君，胡汉辉. 科技型中小企业支持政策变迁的博弈模型与利益协调分析
[J]. 经济与管理研究，2018，39（2）：99 - 107.

　　❺ 王云珠. 浅析如何利用创新需求促进山西中小企业技术创新政策建议 [J].
科技创新与生产力，2018（4）：1 - 4.

业，设有专门机构"国务院促进中小企业发展工作领导小组"，其主要职责如下：贯彻落实党中央、国务院决策部署，加强对促进中小企业发展工作的组织领导和政策协调，统筹指导和督促推动各地区、各部门抓好促进中小企业发展任务落实，协调解决促进中小企业发展工作中的重大问题，完成党中央、国务院交办的其他事项。这一领导小组成员包括科技部、市场监管总局以及国家知识产权局等部门的领导。政策支持对中小企业，尤其是科技型中小企业很重要。❶

中小企业是一支重要的科技创新力量，❷它们一旦抓住了细分市场，就可以成活与发展。淘宝与天猫购物网站上名目繁多的小商品，不少都因具备相对独特的技术特征，满足某些特定需求而存活下来，发展壮大。中小企业或许缺少研发资金投入，或者投入很少，但是不能被排斥在科技创新的应用之外。简微专利转化难度小，有助于科技型中小企业在商海中吹出美丽的"泡泡"，而政府引导与支持简微专利在中小企业的转化应用，也能降低企业创新发展的风险。不可否认，在经济下行的背景下，中小企业更缺资金；但是船小好调头，对使用简微专利的偏好增加。

专利创造没有歧视性，任何有创新想法的人（不分学历、不分资历、不分年纪）都可以尝试，无论专家学者还是普通群众，无论身处哪个行业领域，都可以参与，"草根"也可凭借专利创造更好地实现精神追求和自身价值。事实上，专利构思具有自主

---

❶ 向永胜，古家军．基于创业生态系统的新型众创空间构筑研究［J］．科技进步与对策，2017，34（22）：20 – 24.

❷ 吴汉东．知识产权精要：制度创新与知识创新［M］．北京：法律出版社，2017.

性，无须成本，也无须平台，只要有想法就可以进行创造。每个人都可以凭借创新的专利技术注册成立中小企业并进行产品生产与销售，挤进成熟市场或抢占细分市场高地，也可以作价入股，以股权的形式进入其他公司的项目运作。只要是有市场前景的构思或专利，就有机会获得创投资金等的支持。

第三节　高难度专利技术

一、技术实例

现以修建英法高速铁路中出现的挖树神器为例，对有显著性技术难度的高价值专利（高难度专利）做一个了解。传统移栽树木程序包括：去侧枝，挖土，稻草绳围树兜护土，起重机举树上卡车，卡车转运树木，挖掘机或镢头取土成树坑，起重机举树安放，镢头培土回填，硬木支护与浇水养护。挖树神器则集合挖土、切根举树、转运、安放、护土等功能于一体，同时省去了培土与浇水等传统必需的工艺。该机器主要综合了挖掘机、起重机与卡车在移栽树木上的核心功能，技术复杂且集成，属于高难度专利产品。相比之下，挖树神器的切土刀具或其他部件的改良属于普通专利。当然，如今挖树神器在我国也出现了替代产品，安徽某公司开发了"轮式活树移栽挖树机"。该产品也是由众多发明专利、实用新型专利与外观设计专利集成，并且实现刀具360度旋转切挖与灵活开合。或许是因为站在巨人的肩膀上，国产挖树神器更加灵活，有了它，不仅能节约人工与吊装机械（见图1-2），还使大树成活率有了更高保障。

图 1-2　常规移栽大树

　　根据国际铁路联盟（UIC）的定义，高速铁路是指营运速度为200km/h以上的铁路系统。伴随着铁路系统技术的推进，动车、高铁逐渐成为快速客运主流，1964年建成并通车的日本新干线是历史上第一个高速铁路系统。由于对强度与耐久性等的需求，木质枕木如今逐渐被钢筋混凝土轨枕取代，而随着中国高铁网络基本成型，春运已不再是难题。中国高铁拥有多项核心技术，超长无缝钢轨就是其中之一。高铁钢轨对列车的运行稳定性起着关键作用，中国高铁采用的500米超长无缝钢轨，其实是由5根100米长的钢轨焊接而成，并由36台龙门吊同步抓运以控制超长钢轨的变形。可以说，中国高铁作为大国重器，集合了众多蕴含市场价值与通用性战略价值的高难度专利，高铁不仅解决了国内地面人民群众快速移动的问题，而且正走向国外服务世界。

二、技术特征

一是高门槛属性。高难度专利结构复杂、技术原理高深，多为非大众熟悉的领域，不易被模仿或抄袭。表 1-1 专利所涉及主题均不是日常的生产生活，不仅大众难以理解，即使是该领域普通技术人员也难以理解。统计整理高难度专利数据后可发现以下典型特征：在文本上，体现为权利要求数量多在 10 个左右，权利要求篇幅为 1~3 页，文本体量大，需要时间加以理顺；在技术上，体现为构成复杂且难度高，属于行业精英才会追逐的高精尖范畴或多学科交叉领域，需要行业理论基础才能执行；在经济上，体现为综合性投入较大，一般不计较研发成本，个人投资难以支撑失败风险。通俗地讲，就是高门槛。高难度专利多锚定复杂或重大技术问题，体现为基础性、革命性或系统性的解决方案，具备技术理论的先进性，有方法上的借鉴意义，可集合成为产品或移植到其他领域应用。这类专利的形成，多数呈现为发明，一般是有组织的行为，以便集中资源解决市场或独立个体无法自主完成的需求。例如，屠呦呦研发抗疟疾的药物是政府组织行为，自拍杆的发明是社会自然人行为。

表 1-1　若干非大众熟悉领域的专利技术特征

主题	类型	大众可理解性	权利篇幅/页	权利要求数量/个
线性关系模型的碰撞检测方法及装置	方法、产品	非大众熟悉领域，有结构图与流程图，不易读	2.5	10
图像量化方法、计算机设备和存储介质	方法、产品	非大众熟悉领域，有结构图与流程图，不易读	2	10

续表

主题	类型	大众可理解性	权利篇幅/页	权利要求数量/个
自动变跨铺轨机及使用方法	产品、方法	非大众熟悉领域，有结构图，不易读	1.5	9
利用卫星定位实现轮径校准的方法	方法	非大众熟悉领域，有流程图，不易读	1.5	10
含悬浮颗粒的基质组合物	产品	非大众熟悉领域，不易读	1	10
飞机隔声壁板	产品	非大众熟悉领域，有结构图，可读	1	9
导航方法以及装置	方法、产品	非大众熟悉领域，不易读	2.5	15
抗病毒中药组合物	产品、方法	非大众熟悉领域，有配方，可读	2	6

二是高风险属性。高难度专利技术的高风险主要体现为转化风险较大。高难度专利一般均有技术理论高度支撑，研发投入大的同时，转化应用投入也很大，且不仅需要后续研发投入，还存在一定的市场不确定性。高难度专利在高校院所中产出较多，有些是概念布局尚未经过实验室技术实现，有些是经过了实验室论证但生产应用尚不具备条件，有些甚至不具备经济可行性，没有市场。还有一些专利虽然有技术创新，但不仅不易被模仿复制，且鲜有重复使用机会，违背了专利产生的初心，也就没有保护的必要。据董文波统计❶：华中科技大学、武汉理工大学、武汉大

---

❶ 董文波. 高校专利转让和许可现状的问题及对策：基于湖北省20年本科高校面板数据的分析 [J]. 中国高校科技，2021（9）：85-88.

学占据湖北省高校授权专利前三强（授权量多在1.6万件以上），湖北省属本科高校授权专利量基本在 1000~3000 件，该数据较好地证实了多研发投入对应的高难度专利证书产出，但是并没有预期的成果转让率（仅在2.9%~5.4%）。不难发现，高难度专利技术的市场消化难度很大，不容易得到转化应用。一方面，高难度专利或倾向于基础性研究，需要继续开发技术才能形成实际生产力。另一方面，高难度专利或没有保护价值，不适宜大批量生产与应用。无论是基础性倾向还是无保护价值，高难度专利产生过程都存在校企合作不深入的病根，或与社会实际技术需求脱节。表1-2给出了某双一流高校、某地市州高校以及某一般高新技术企业 2022 年最新持有的 10 项专利技术统计，从表中可以看出，高难度专利多集中在重点高校。

表1-2 不同难度专利技术分布

专利来源	技术领域	权利篇幅	专利属性	可读性
双一流高校	地球物理，磁场，电气，通信，光学，光电，机械，材料等	平均1.9页，1~3页	发明、方法为主，多有流程图	教师与企业技术人员不易理解
地市州高校	医疗器械，机械，汽车零部件，安防等	平均1.5页，1~2.5页	产品为主，也有方法，多有结构图	教师与企业技术人员相对容易理解
一般高新技术企业	雨水收集	平均1页	实用新型、产品为主，有结构图	教师与企业技术人员相对容易理解

第四节　简微专利技术

一、小发明小制作

儿童科普教育中有一些"科技小制作"与"科学实验"栏目，它们多有小发明、小制作的训练影子，内容主要涉及生活常识。而对于成人的科普教育，则以模仿式的机械训练为主，目的是传递基本知识，培养基于观察思考与动手操作的创新意识。在科普教育之上的，是技工或大学生的创新赛事，这类教育以赛提质，不是机械模仿，而是有一定难度的能动创造。例如，创办于 2014 年的广东省技工院校科技小发明小制作比赛，活动现场主要包括实物操作、视频演示、讲解答辩。从中可以看到，物化实现是重要的实证性与演示性措施。历届小发明小制作比赛都有不少优秀作品脱颖而出。如"防干涉快速定位夹具"将传统的精密平口钳夹具进行改良，设计制造三坐标测量仪适用的夹具，体现了动手操作能力；"运用手机 App 进行远程控制"体现了智能发展方向；"新型可弹性伸缩攻丝刀柄"源于校内集训选拔比赛时发现了传统刀柄在普通铣床上攻丝容易出现问题，团队经过试验，在传统刀柄上增加伸缩杆、伸缩弹簧以及导向销钉等配件进行了改良，让攻丝加工合格率显著提高，实现"在普通铣床上做高精度的任务"。不难发现，小产品创造过程既简单也复杂，居于首位的是发现技术问题或需求，其次是找准路径进行技术特征设计，最后是试验论证。没有方向四处乱撞的不行，不付诸制作实现的也不行。

二、简微专利特征

简微专利，顾名思义，其结构简洁且原理明晰，体现为独立权利要求的特征点包含从属权利在内不会超出 10 个，文本体量上不繁杂，不是富含冗余内容的长篇大论。通俗地讲，就是简单。简微专利一般提供替代性或零散性的简单解决方案，重在"巧妙"与"新奇"。它多锚定现实细部技术问题，不具备通用性，技术复杂程度低，甚至是显而易见，可以由常识或公知经组合加工后实现。通俗地讲，就是低门槛。专利创造本身没有歧视性，任何有思想的人都可以尝试参与；而低门槛的简微专利具备宽泛的准入性，可以成为创新教育的标的。表 1－3 给出了简微专利的若干技术特征。

表 1－3　简微专利的若干技术特征

主题	类型	大众可理解性	权利篇幅/页	权利要求数量/个
液位监测传感器	产品、实用新型	大众可熟悉领域，有结构图，可读	1	10
多功能防盗井盖	产品、实用新型	大众易熟悉领域，有结构图，可读	0.5	2
防盗窨井盖	产品、实用新型	大众易熟悉领域，有结构图，可读	0.5	4
单向通道折返门	产品、实用新型	大众易熟悉领域，有结构图，可读	1	8
电力检修爬梯	产品、实用新型	大众易熟悉领域，有结构图，可读	0.5	5
发热贴剂	产品＋方法、发明	非大众熟悉领域，配方简洁明确，可读	1	10
自拍装置	产品、实用新型	大众易熟悉领域，有结构图，可读	1	13

简微专利多锚定现实细部技术问题，以实用产品为出发点，但不等于低质量专利、垃圾专利或问题专利；因为难度不大，技术实现的可能性不存在问题，创新周期短且容易转化，适合市场开发，且成本可控，预期经济效益好只待市场验证。通俗地讲，就是低风险。由于低风险的特征，简微专利又可以成为创业实践的标的。产品过渡缩短了创新与创业之间的距离，只以专利授权为目的的创新（教育）是失败的，专利证书与产品同步，可以融合产权意识与产品意识。中小企业或没有庞大的研发团队与资金投入，简微专利的小产品导向性能为它们开展技术创新与成果转化提供无限可能。

简微专利突出简洁的特征，不长篇累牍也不晦涩难懂；同样，它也不等同于说明书篇幅与权利要求较少。简要的文字也可清晰地描述方法或特征，如制作木炭的方法及特征，东汉许慎《说文》就有记载："炭，烧木留性，寒月供然火取暖者，不烟不焰，可贵也。"虽然简微专利接近奇技淫巧，但不能回避其实用性的根本，必须着眼于最优或唯一的创新方案。如创可贴由胶布、吸收棉垫和防粘层组成，后期又出现带药物的创口贴。

简微专利锚定的问题小且投入小，主要指向小产品或集成产品的细部构造，但并不等同于低质量专利。如今我国对高价值专利更加推崇，俨然高投入之下或人海战术就一定能有高价值专利。调查发现，把简微专利由证书变成实验室的小试产品，成本投入大致在几千元至数万元不等，甚至在 1000 元内也可完成可展示轮廓与机理的模型制作。正因具备低投入的转化特性，市场细分之后，简微专利更加容易经由物化试验推向市场应用。很显然，简微专利的物化过程成本可控，产品目标容易实现，转化风险低，应该引起人们的重视并加强培育。例如，武汉余某某发明的洗虾机主要是利用了水力与高氧水杀菌原理，结构主要为水泵与圆桶，耗材主要是水电与大虾，研发成本并非高不可攀。科技型中小企业的创业不少是基于简微专利技术，例如，薛某某创造的"一米线排队机"就广泛应用于售票处排队系统；又如，马某某与贾某某因防盗井盖专利各自成立公司，其专利产品应用于公路与市政的排水工程。

三、推崇程度

各高校的科技项目存在水平差异，纵向科研项目被认为高于横向科研项目，国家自然科学基金项目被认为高于省部级、市厅级科技项目。高价值专利也受到了不同程度的推崇与重视，如湖北省就非常支持高价值专利培育、转化和产业化项目。高价值专利犹如产业市场的专精特新或独角兽企业，❶ 被冠以极其优越的光环，这是重视专利质量的体现。除却市场利益之外，高价值专利也被赋予了战略价值。正如同实践是检验真理的唯一标准，市场也是检验专利价值的最有效阵地。而专利在转化应用之前，除却战略价值评价外，很难证实其市场价值。一般而言，高投入会有高产出，但经济效益是不确定的。

高价值专利虽然物以稀为贵，但是更多的普通专利犹如夜晚繁星，也在闪耀着其光芒。这一点不仅在于专利申请量与发明专利授权量的鞭策，更多地在于它们有创新与应用的土壤。从扩大就业与提高生活质量而言，应该鼓励社会个体的简微专利创新与应用。本书把与高价值专利相对的普通专利称为简微专利，其产

---

❶ 刘卓群. 我国独角兽企业的风险管理问题研究［J］. 知识经济，2017（13）：96－97.

生具有自主性，也不需要特别培育，广大发明人由创新兴趣而起，服务于产品开发与技术进步。例如，同层排水技术是指卫生器具排水管不穿楼板，而排水横管在本层与排水立管连接的方式，其主要优点是所有活动在自己家庭产权内发生，不会与楼上或楼下发生纠纷。《住宅设计规范》也支持住宅的污水排水横管设在本层套内。毫无疑问，这样一种革命性技术的价值是巨大的，但是并没有收到应有的光环。似乎由于这类简微专利技术简单、生产成本低、未有效推广，产业价值尚不明显。像一些大公司那样标榜掌握的核心科技，不仅在于技术本身，更是由市场规模验证了其高价值所在。显而易见，简微专利及其发明人需要转化应用平台以彰显或证实自身的价值。

四、审查理解的优劣

简微专利因为结构简洁与原理明晰，体现为独立权利要求的特征点以及从属权利要求都不会超出 10 个，文本体量上不繁杂，也不属于高精尖领域，行业内外的技术人员基本可以理解，容易被审查员准确且快速地判断。相比之下，高难度专利因为技术层面高深，或居于其领域的象牙塔尖端，非普通人可以进入与理解，这导致一般审查更多地只能做形式而非内容的甄别。

简微专利的技术内容基本处于"事实清楚"的可理解状态，耗费时间即可完成细致工作，做出的审查意见可靠性比较高，难以被发明人质疑。高难度专利则不同，审查员在具体技术领域一般不会比发明人高深，做出的否定性审查意见或有武断成分，易引起发明人反驳。大多数简微专利，常人都可以理解；但是高难度专利，非行业精英很难理解，审查一般比较慎重，如果没有检索到硬伤会优先通过，让市场去进一步检验。

　　或因为申请数量的考核与项目结题需要等简单量化，存在为了专利申请数量与受理通知书而提交低质量专利申请的行为，这类专利多数在结构上属于简微专利。不负责任的专利申请，表现为不主动缴费进入实质审查阶段，或没有经历查新检索，或采用常规或简单特征进行组合或堆叠等明显不符合技术改进常理。这类申请"事实清楚"容易被排查为"疑似非正常申请行为"或下达"审查业务专用函（非正常）"。国家知识产权局第 75 号令主题是《关于规范专利申请行为的若干规定》，明确有"提交多件不同材料、组分、配比、部件等简单替换或者拼凑的专利申请"；《国家知识产权局关于进一步严格规范专利申请行为的通知》再次强调"单位或个人提交的专利申请存在技术方案采用常规或简单特征进行组合或堆叠等明显不符合技术改进常理的行为"。简微专利比较容易被机器或程序机械地质疑为"非正常"专利申请行为。

　　专利申请文件不同于项目申请。项目申请尤其是在纵向科技项目方面，技术路线不会过于明晰，会让专家感觉有学术深度，不能轻易识别。专利申请应该内容明晰，不宜晦涩难懂，不仅发明人自己懂，也要让审查员懂，还要让转化人也懂。文字层面说清楚比较容易，技术层面上就比较复杂，实施例与附图有助于技术的易读。不可否认的是，适度地增加简微专利的技术特征点或组成复杂性，规避某些先入为主的非保护质疑，有助于提高授权率。

第五节　简微专利与高价值专利的联系

一、高价值初步认定

根据专利预期价值的不同（包含受重视程度），各行各业更青睐于高价值专利。一般而言，高价值专利能提供革命性或系统性整体解决方案，预期市场价值大，但短期经济效益并不确定。关键核心技术可以控制产业链的生命线，社会上通常把高价值专利与关键核心技术、共性技术以及卡脖子技术相提并论；社会发展是在竞争中有合作，社会上通常把高价值专利与前沿领域或未来技术相提并论。这些高价值专利，基本等同于有技术高度的专利，通常可以简单地推定获得国家级或省部级专利奖的专利为高价值专利，也就是以专家评定为依据。除此之外，还有很多不申报技术进步奖或专利奖的企业，也拥有畅销产品的核心技术，其落脚点在于市场价值。事实上，高价值专利的认定是比较困难的，一般而言，专精特新企业的专利技术产品多占有一定市场份额，有稳定的销售收入，已经被市场所证实，自然对应高价值专利技术。国务院印发的《新时期促进集成电路产业和软件产业高质量发展若干政策》指出，聚焦高端芯片、集成电路装备和工艺技术、集成电路关键材料、集成电路设计工具、基础软件、工业软件、应用软件的关键核心技术研发，不断探索构建社会主义市场经济条件下关键核心技术攻关新型举国体制。该通知彰显了关键核心技术的要素，前沿科技领域与举国体制攻关，也反映出高价值专利侧重于战略需要。

二、简微专利可以高价值

专利价值与技术的难易程度、资金的投入大小关系并不明显。技术难度大的专利不一定导向现实市场价值,技术难度小的专利也不一定没有市场价值。市场是交易价值的检验场,有人愿意在某个价格买入,有人愿意在某个价格卖出。简微专利的商品,以量取胜,一般是买方市场,出钱就能买到。高价值专利的商品,以质取胜,一般是卖方市场,出钱也不一定买得到。简微专利的创新难度不大,并且实现的技术难度与经济难度也不大,而经济效益优势明显,这是其可以集合成为高价值专利的基础。当集合成一系列简微专利使之复杂化,并贡献于某单独产品的专利时,市场的预期价值就难以估量了,最终的市场定价也趋向于社会认可的高价值专利。如黑火药的高价值发明就以木炭这一简单发明为基础。当然,伴随着简微专利集群的持续创新与开发,研发与投产的成本也会持续增大,从而在源头上趋近于高价值专利特征。这时,简微专利集群的创新过程与转化应用也不再依靠单独个人,而是通过综合理论专家、技术专家、市场策划与营销专家等组成的研发与应用团队来实现。这也是让产品持续改进与持续占有市场,保障企业持续盈利的基础。换句话说,高价值专利也可以是综合化与集成化的一系列简微专利,并最终提供系统性解决方案。

生产商品的社会必要劳动时间随着劳动生产率而变化,价值由特定时段的生产能力所决定。简微专利的创造不需要划时代的能力,而是根植于实际生活生产的一般情景之中。但是高价值专利的智力活动多数超出社会一般或平均认知力,如曹冲称象就是不同寻常的智力活动，超出了当时社会的一般认知力；相比之下，司马光砸缸救人则只是公众广泛具备的能力，不比拿盆舀水或拿棍攀爬高明多少。简微专利，可以体现为思想不偷懒，只要肯付出劳动并积累下去，多多少少可以有所实现；高价值专利，则是无论思想多积极，无论叠加多少劳动，也只有少数人才可以幸运挖掘。如果借鉴跳水运动中的难度系数概念，简微专利是难度系数相对小的创新，而高价值专利是在简微专利基础上的更大难度系数的挑战。

下面以两个日常生活的事例，来解释简微专利趋近于高价值专利的过程。以洗虾机发展为例，基于单一技术原理设计技术特征实现必要基本功能，洗虾机一般可以界定为简微技术；如果将清洗、杀菌、分类、保鲜等功能复合在一起进行解决，甚至将烹饪与打包一并组合，更进一步地还能适用于其他生鲜，则不难成为名副其实的高价值专利。以限高架为例，常见的门式刚性限高架表现为结构简单与实现容易，但是一旦因意外被车辆碰撞，结果会比较悲惨（车毁、人伤亡、限高架损伤）。显然需要预警措施，因为限高架实质构成特殊路障，并不保护潜在的肇事车辆与司乘人员。发明专利"一种限高架"（CN103122614B）提供了预警方案，主要是在既有限高架前方梯次布设"依靠机械力推移悬臂梁转动实现报警与减速"的悬臂碰杆，虽然简单，但实际价值不言而喻。伴随着智能化的推进，限高架再次改进为依靠"两侧立柱的红外发射与接收的检测装置实现报警"，因走向智能化，而不再那么简单，再集约化后就可能趋近于高价值专利。在智能交通发展要求下，限高架等设施类障碍物不仅会提前植入导航系统，也会有实时探测系统，更有纠偏系统等为安全出行保驾护航。

做专利或创新，格局要大，要融合产权意识、产品意识、转化意识。转化是目的，产权是保障，产品是持续改进的过程。技术设计，首先是能想到，其次是能实施，然后是经批量处理实现价值。当今无法想象，谈何未来实施。正如神话故事一样，飞天、遁地、入海、驾云这些超能在当年是笑谈，如今是生活。如果崇大贬小，不注重细部问题或细小技术需求，也将错失不少发展机会。例如，助听器并不是重大技术领域，但已经被跨国公司全面专利布局。又如，立体停车库的技术难度也不大，中部某市有企业本来布局很早，但还是错失了机动车数量爆发后的停车库需求机会。不宜主观地抹杀创新能动性，尤其是不能扣帽子。不以事小而不为，不以尖端常破头。正如最美科技工作者所倡导的"尊重劳动、尊重知识、尊重人才、尊重创造"，对于创新，撸起袖子加油干就是了。

第二章　简微专利文件示例

　　一般情况下，发明专利针对的是工艺或配方以及结构组成，实用新型专利更偏向于结构特征。在市场充分竞争的情况下，专利技术有着不同于技术秘密的优势。技术秘密作为没有被公开的技术，其技术价值认可度受到限制，如民间中医多持有师徒传承的偏方与相应的治疗技术。相比之下，专利技术是经过严谨的信息检索后以官方背书的有法律保障的公开技术，是一种社会认知。专利证书一般是由政府机关根据申请而颁发的一种文件，是为保障技术创新者独占权利的法律性文件，与技术应用伴生的权利或利益密切相关。有明确的结构特征且能够以实体轮廓表现的申请内容既可以是发明专利，也可以是实用新型专利。专利申请材料也有既定的广泛接受的文本格式，查阅公开的专利申请，比较之后就会发现关键所在。专利申请文本包括说明书摘要、说明书与权利要求书，而说明书又包括技术领域、背景技术、发明内容、附图说明、具体实施方式等内容。

第一节　工艺方法类

　　工艺方法主要是指具体操作的步骤序列或先后顺序，以流程图简洁地展示要素之间的递进关系，多指加工流程或生产流程。例如，磷石膏减量化处置是困扰磷化工产业的重大技术问题，不少科技人员都在想办法解决。石膏与水泥反应会有体积不稳定性，可以尝试利用沥青胶结料稳定磷石膏。下文以沥青胶结磷石膏构造路表拦水带的工艺为例进行陈述，主要包含说明书、权利要求书与说明书摘要，其中说明书又包含技术领域、现有施工的背景技术、核心的发明内容与支撑的实施方式，重点描述了新工艺的实施步骤。

下面给出"一种路表拦水带方法"专利申请文件部分示例。

说 明 书

一种路表拦水带方法

技术领域

本发明涉及一种路表拦水带施工方法，属于公路工程建设养护领域。

背景技术

拦水带是指沿道路路表硬路肩外侧或路面外侧边缘设置的用来拦截路面和路肩表面水的堤埂。将路面表面水汇集在拦水带内，通过间隔一定距离设置的泄水口和急流槽集中排放到路堤坡脚外。拦水带一般采用水泥混凝土或者沥青混凝土铺筑而成，但是耐久性有待提高。磷石膏是工业固废，有大量堆存；以粉末状存在，偏酸性，其渗滤液对水环境有危害。多元减量化一直是磷石膏消减的追求模式。用磷石膏改良土壤主要受制于盐碱地运距过大导致的成本，用磷石膏联产水泥需要与生产企业配套同时消减也有限；用在路基里面有尝试，但是磷石膏与土壤的铝盐反应能够形成膨胀性钙矾石导致地基失稳。需要挖掘对体积变化不敏感的磷石膏消减方法。

发明内容

本发明提供一种路表拦水带施工方法。

本发明所采用的技术方案在于：

包括如下步骤：

步骤 1 用水泥与磷石膏粉混合成水泥胶粉，再与水以及石屑搅拌成水泥胶砂型混合物；

步骤 2 用热沥青点状涂刷在路表拦水带的痕迹带上；

步骤 3 在拦水带的痕迹带上沿纵向架设"人"字型土工格栅网片；

步骤 4 以土工格栅网片为中心两侧堆培水泥胶砂型混合物并拍压使横截面成梯形硬质堤埂；

步骤 5 用热沥青与磷石膏粉混合搅拌成流动态沥青胶粉，涂刷在拦水带开口两侧及底部。

上述技术方案中：所述的步骤 1 中水泥胶粉质量比例，水泥：磷石膏粉 =4：1；所述的步骤 1 中水泥胶砂型混合物质量比例，水泥胶粉：石屑：水 =1：3：0.5。

上诉技术方案中：所述的步骤 3 中的土工格栅网片的网格边长在 2cm。

本发明通过上述技术方案，具有以下效果：热沥青胶结的磷石膏粉具备流动性，便于涂刷在拦水带开口处加强保护提高耐久性；热沥青点状涂刷痕迹带有助于提高水泥胶砂型混合物与路表的粘结力；拦水带内部的"人"字型土工格栅网片以及 2cm 网格边长，通过加筋与胶砂穿透型密切接触提高预防开裂与抗冲刷性能；水泥胶结磷石膏粉固定并处置了磷石膏，提供了在路表拦水带的消减措施。

具体实施方式

下面结合应用实例对本发明作进一步说明。

本发明的实施步骤如下：

步骤1　用水泥与磷石膏粉混合成水泥胶粉，再与水以及石屑搅拌成水泥胶砂型混合物；

步骤2　用热沥青点状涂刷在路表拦水带的痕迹带上；

步骤3　在拦水带的痕迹带上沿纵向架设"人"字型土工格栅网片；

步骤4　以土工格栅网片为中心两侧堆培水泥胶砂型混合物并拍压使横截面成梯形硬质堤埂；

步骤5　用热沥青与磷石膏粉混合搅拌成流动态沥青胶粉，涂刷在拦水带开口两侧及底部。

所述的步骤1中水泥胶粉质量比例，水泥：磷石膏粉＝4：1；所述的步骤1中水泥胶砂型混合物质量比例，水泥胶粉：石屑：水＝1：3：0.5。所述的步骤3中的土工格栅网片的网格边长在2cm。

权　利　要　求　书

1. 一种路表拦水带施工方法，其特征在于：

分下列步骤完成：

步骤1　用水泥与磷石膏粉混合成水泥胶粉，再与水以及石屑搅拌成水泥胶砂型混合物；

步骤2　用热沥青点状涂刷在路表拦水带的痕迹带上；

步骤3　在拦水带的痕迹带上沿纵向架设"人"字型土工格栅网片；

步骤4　以土工格栅网片为中心两侧堆培水泥胶砂型混合物并拍压使横截面成梯形硬质堤埂；

步骤5　用热沥青与磷石膏粉混合搅拌成流动态沥青胶粉，

涂刷在拦水带开口两侧及底部。

2. 根据权利要求 1 所述的一种路表拦水带施工方法，其特征在于：所述的步骤 1 中水泥胶粉质量比例，水泥：磷石膏粉 = 4：1；所述的步骤 1 中水泥胶砂型混合物质量比例，水泥胶粉：石屑：水 = 1：3：0.5。

3. 根据权利要求 1 所述的一种路表拦水带施工方法，其特征在于：所述的步骤 3 中的土工格栅网片的网格边长在 2cm。

说 明 书 摘 要

本发明提供一种路表拦水带施工方法，属于公路工程建设养护领域。主要特征是：

用水泥与磷石膏粉混合成水泥胶粉，再与水以及石屑搅拌成水泥胶砂型混合物；用热沥青点状涂刷在路表拦水带的痕迹带上；在拦水带的痕迹带上沿纵向架设"人"字型土工格栅网片；以土工格栅网片为中心两侧堆培水泥胶砂型混合物并拍压使横截面成梯形硬质堤埂；用热沥青与磷石膏粉混合搅拌成流动态沥青胶粉，涂刷在拦水带开口两侧及底部。本方法提供了较好的耐久性并提供了磷石膏的减量化措施。

第二节　产品配方类

产品配方主要提供材料组成与比例关系，必要时描述规格要求，讲究的是组成与份额。以黑火药为例，配方比例关系为"一硝二磺三木炭"，准确地说是"十六两一斤的硝石、二两硫磺与三两木炭"。路桥施工中会有水泥混凝土配合比或沥青混合料配合比，这些就是产品配方。以建筑外墙抹面砂浆组成为例进行陈述，主要包含说明书、权利要求书与说明书摘要，其中说明书又包含用于建筑外墙的技术领域、现有施工的背景技术、核心的发明内容与支撑的实施方式，重点描述了产品配方。

下面给出"建筑用隔热降噪水泥抹面砂浆"专利申请文件部分示例。

说　明　书

建筑用隔热降噪水泥抹面砂浆

技术领域

本发明涉及一种建筑行业使用的水泥抹面砂浆，具体地说是一种建筑用隔热降噪水泥抹面砂浆。

背景技术

在房屋建设中，内、外墙面都要用水泥砂浆进行抹面，通常情况下，都是水泥与细砂混合作为砂浆使用，但随着低碳、环保的生活质量提高的要求，很多房屋建筑都会再次进行保温降噪的装修处理，既增加建筑费用和施工难度，同时单一的水泥砂浆墙面的粘结强度和抗拉强度都难以达到标准要求。

发明内容

本发明的目的在于解决上述建筑行业中存在的难题，提供一种建筑用隔热降噪水泥抹面砂浆。既符合低碳环保的要求，还可相应提高砂浆墙面的整体强度。

本发明包括砂浆中的水泥和砂以及羽毛外加剂，所采用的技术方案在于：

一）配方重量比如下：

水泥与砂为1:3；

清水占水泥质量的60%～80%；

天然羽毛纤维占上述总量的0.1%～0.6%。

二）方法如下：

1）将天然羽毛纤维碎断为短羽毛纤维；

2）将水泥、砂、清水和短羽毛纤维按照比例放入拌和机拌和均匀为砂浆即可。

上述技术方案中：碎断的短羽毛纤维长度在10mm以内；碎断的短羽毛纤维中的毛梗重量控制在短羽毛纤维总量的20%～45%；毛梗碎断后的长度在5mm以内。

本发明通过上述技术方案，由于利用了家禽养殖行业的废弃资源，在羽毛纤维与水泥砂浆充分混合后，所涂抹后的水泥砂浆墙面，整体结构良好，由于羽毛纤维的植入，使得水泥砂浆的空隙率增大，导热系数降低，吸音系数提高，能起到极好的夏天隔热、冬天保暖和降低噪音干扰的效果，同时，还可提高墙面的整体抗开裂性能，具有利用废弃物、环保和提高建筑质量与性能的多种积极效果，有很好的发展前景。

具体实施方式

实施例1：以96kg水泥砂浆计算：

一）所需配方重量百分比如下：

水泥与砂为1:3计，水灰比为0.8计，水泥20kg、砂60kg、水16kg，天然羽毛纤维按上述总量的0.1%计0.096kg。

二）方法如下：

1）首先将天然羽毛纤维碎断为短羽毛纤维；

2）将水泥、砂、清水和碎断后的短羽毛纤维一起放入拌和机拌和均匀即成为砂浆。

实施例2：以230kg水泥砂浆计算：

一）所需配方重量百分比如下：

水泥与砂为1:3计，水灰比为0.6计，水泥50kg、砂150kg、水30kg，天然羽毛纤维按上述总量的0.3%计0.69kg。

二）方法如下：

1）首先将天然羽毛纤维碎断为短羽毛纤维；

2）将水泥、砂、清水和碎断后的短羽毛纤维一起放入拌和机拌和均匀即成为砂浆。

实施例3：以705kg水泥砂浆计算：

一）所需配方重量百分比如下：

水泥与砂为1:3计，水灰比为0.7计，水泥150kg、砂450kg、水105kg，天然羽毛纤维按上述总量的0.6%计4.23kg。

二）方法如下：

1）首先将天然羽毛纤维碎断为短羽毛纤维；

2）将水泥、砂、清水和碎断后的短羽毛纤维一起放入拌和机拌和均匀即成为砂浆。

上述所有实施例中：所碎断的短羽毛纤维长度在10mm以内，所碎断的短羽毛纤维中的毛梗重量控制在短羽毛纤维总量的20%~45%，毛梗碎断后的长度在5mm以内。本发明所涉及的天然纤维，可采用各种家禽的废弃羽毛混合一起使用，使用时可先将粗大的毛梗排出，再用破碎机碎断即可。本发明所经的实施例试样块检测后的空隙在15%~23%，导热系数在0.1865~0.4325W/(m·K)之间，吸声系数在0.28~0.43；由此可见，试样块的导热系数显著降低，吸声系数显著提高。

权 利 要 求 书

1. 一种建筑用隔热降噪水泥抹面砂浆，包括砂浆中的水泥和砂，其特征在于：

一）配方重量比如下：

水泥与砂为1:3；

清水占水泥质量的60%~80%；

天然羽毛纤维占上述总量的0.1%~0.6%。

二）方法如下：

1）将天然羽毛纤维碎断为短羽毛纤维；

2）将水泥、砂、清水和短羽毛纤维按照比例放入拌和机拌和均匀为砂浆即可。

2. 根据权利要求1所述的一种建筑用隔热降噪水泥抹面砂浆，其特征在于：所碎断的短羽毛纤维长度在10mm以内。

3. 根据权利要求1所述的一种建筑用隔热降噪水泥抹面砂浆，其特征在于：所碎断的短羽毛纤维中的毛梗重量控制在短羽毛纤维总量的20%~45%。

4. 根据权利要求3所述的一种建筑用隔热降噪水泥抹面砂浆，其特征在于：所述毛梗碎断后的长度在5mm以内。

说 明 书 摘 要

本发明提供一种建筑用隔热降噪水泥抹面砂浆，一）配方重量比如下：水泥与砂为1:3、清水占水泥质量的60%~80%、天然羽毛纤维占上述总量的0.1%~0.6%。二）方法如下：1）将天然羽毛纤维碎断为短羽毛纤维；2）将水泥、砂、清水和短羽毛纤维按照比例放入拌和机拌和均匀为砂浆即可。本发明充分利用家禽养殖业产生的废弃羽毛，使其与水泥砂浆混合一体，使砂浆的空隙率增大，导热系数降低，吸音系数提高，作为墙面的涂抹砂浆后，能有效起到隔热、保暖、降噪的作用，同时还可使砂浆墙面具有更高的抗开裂性能，非常符合当前低碳、环保的形势发展要求。

补充说明： 产品配方类主要提供关键材料的类别及其比例范畴，可以质量份数或体积份数进行描述，无须刻意地以百分比计量；进一步地从属权利可限定材料的规格要求。当然，对于覆盖的配方范围，也需要明确的效果支撑。范围宽了，保护范围就大，但要确保边界比例能满足必要的技术效果。如湖北文理学院的"小野蒜烹饪鱼肉专用调味品"（专利号 ZL201410197301 ）就以质量份数描述技术方案。小野蒜烹饪鱼肉专用调味品按重量份配比如下：

小野蒜粉：30~50 份，玉米淀粉：5~10 份，食盐：5~10 份，味精：5~10 份，姜粉：3~5 份，糯米粉：3~5 份，黄豆粉：3~5 份，甘草粉 3~5 份，香叶粉 3~5 份，香菇粉 3~5 份，椰子粉 3~5 份，构成清香型小野蒜烹饪鱼肉专用调味品。经理化及微生物指标测试，磨碎细度（30 孔/cm^2 筛上的残留物）≤1.2%；含水量≤10%；总灰分≤8%；酸不溶灰分≤3.5%；总菌数≤0.8×104/g；大肠杆菌≤43MPN/100g，均符合国家调味品指标要求。

第三节　结构组成类

结构组成类专利与方法类专利的区别在于其发明内容与权利要求重点描述了产品的结构组成特征，既可以是产品也可以是形状，同时增加了支撑解说的附图。以电水壶的水位提示为例进行陈述，主要包含说明书、权利要求书与附图，省略了实施方式与摘要；在实用新型专利中，附图是必要组成要件。

下面给出"一种电水壶水位提示装置"专利申请文件部分示例。

说 明 书

一种电水壶水位提示装置

技术领域

本发明涉及一种电水壶水位提示装置，是预防因电水壶内水装得过满导致沸水过程中水溢流至底盘，导致电路断开的装置。

背景技术

电水壶用电加热水至沸腾，水内气泡会导致水体积膨胀同时因为沸腾导致水分可能溢出。这个时候，接触电源的加热底盘可能遭遇溢出水分的侵扰因为受潮湿而断开电源，影响继续使用。为继续使用，一般需要待其干燥。因此掌握好电水壶内加注的水位就显得非常有必要。细心的人会用肉眼透过壶盖进行观察，但也不太确定，一般是自我经验把握。一种方法是在壶壁开有透光的槽，对于铝合金材质不太适用。

补充说明：该主题或技术问题有时或会在生活中被忽略而错过，即使抓住也可能创新质量不够专业。

发明内容

本发明提供一种电水壶水位提示装置。本发明主要包括滑动杆、浮漂与观察口，所采用的技术方案在于：所述的滑动杆竖直附着在电水壶内壁近出水口且远离电水壶底部，距离内壁

1.5cm；所述的浮漂为串在滑动杆上的两到三颗红色圆球，圆球直径 1 ~ 1.5cm；所述的滑动杆上端头由观察口伸出并固定在出水口；所述的观察口设在出水口的中央；浮漂的红色圆球的直径尺寸居于上部的大且居于下部的小。

　　本发明滑动杆内置便于与浮漂组合检查水位，观察口设在出水口中央不影响水壶盖完整性并充分利用了出水口的敞口。圆球珠串式红色浮漂以及上大下小的直径尺寸布置便于提醒注水人。本发明，在注水过程中当水位逐渐提升后，浮漂串在水浮力作用下可沿内置的滑动杆向上漂浮直至显示在出水口内的观察口；即可获得提示停止注水。

附图说明

　　下面结合附图和实施例对本发明作进一步详述。

　　图 1 为本发明的结构示意图。

附　　图

3
2
1
切割线

图1

权　利　要　求　书

1. 一种电水壶水位提示装置，包括滑动杆（1）、浮漂（2）

与观察口（3），其特征在于：所述的滑动杆（1）竖直附着在电水壶内壁近出水口且远离电水壶底部，距离内壁1.5cm；所述的浮漂（2）为串在滑动杆（1）上的两到三颗红色圆球，圆球直径1~1.5cm；所述的滑动杆（1）上端头由观察口（3）伸出并固定在出水口；所述的观察口（3）设在出水口的中央。

2. 根据权利要求1所述的一种电水壶水位提示装置，其特征在于：所述浮漂（2）沿所述滑动杆（1）的长度方向滑动位移，浮漂的红色圆球的直径尺寸居于上部的大且居于下部的小。

第四节　并列独立权利要求类

如果解决方案不是一个且工作机理比较相近，还都属于同一个总的发明构思，则需要并案提交一个申请。这要求在发明内容、实施例以及权利要求书中，平行地分别完整地叙述多个方案；特别地，附图也并列有多个完整结构图示。下面以一种土壤植孔装置有脚踩式或手持式两种解决方案为例进行解释。

下面给出"一种土壤植孔装置"专利申请文件部分示例。

说　明　书

一种土壤植孔装置

技术领域（略）

背景技术（略）

发明内容

为了在保持地表植被整体完整性的情况下改善地表渗透性，本实用新型提供一种土壤植孔装置。

为了实现上述目的，其技术解决方案为：

一种土壤植孔装置，包括鞋底形状的支撑板，支撑板的边沿竖直向下设置若干成孔器，支撑板的上表面分布有固定脚的鞋带。该技术方案的植孔装置需固定在脚上，在行走中刺切进入地表土壤切出土柱实现成孔。

进一步，所述成孔器为两端开口的锥型中空圆管结构，尖端部分与土壤接触面积小，刺入切土压力大，土壤从小口切进大口出，不仅对土壤压密小而且便于刺切土壤与脱去土柱。

进一步，所述成孔器对称分布在支撑板的两侧，有利于提高行走稳定性。

再进一步，所述成孔器均匀地分布在支撑板的每个侧边，有利于提高行走稳定性。

一种土壤植孔装置，包括手杖和设置于手杖下端的另一支撑板，所述另一支撑板上设有若干通孔，每个通孔固定连接竖直向下的成孔器，所述成孔器为两端开口的锥型中空圆管结构。该技术方案的植孔装置为手握式。

进一步，所述另一支撑板上的通孔均匀分布。

本实用新型的植孔装置包括脚戴式和手握式，双脚各固定一块脚戴式的植孔装置，并且与手握式的另一植孔装置配合使用，提高行走稳定性与植孔效率。为减少荷载与提高耐久性，支撑板材料以木质或塑胶为优，成孔器以钢铁为优。本实用新型不仅可以应用于园林，也可供学生课外科普活动用。

附图说明

图 1 为本实用新型一种土壤植孔装置的一种实施方式。

图 2 为本实用新型一种土壤植孔装置的另一种实施方式。

附 图

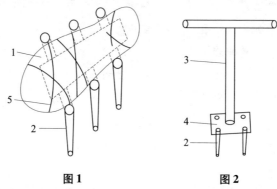

图 1   图 2

具体实施方式

下面结合附图和具体实施方式对本实用新型作进一步详细的说明。

如图 1 所示的实施例（略）。

如图 2 所示的另一实施例（略）。

权 利 要 求 书

1. 一种土壤植孔装置，其特征在于：包括鞋底形状的支撑板（1），支撑板（1）的边沿竖直向下设置若干成孔器（2），支撑板（1）的上表面分布有固定脚的鞋带（5）。

2. 根据权利要求 1 所述的土壤植孔装置，其特征在于：所述成孔器（2）为两端开口的锥型中空圆管结构。

3. 根据权利要求 1 或 2 所述的土壤植孔装置，其特征在于：所述成孔器（2）对称分布在支撑板（1）的两侧。

4. 根据权利要求 3 所述的土壤植孔装置，其特征在于：所述成孔器（2）均匀地分布在支撑板（1）的每个侧边。

5. 一种土壤植孔装置，其特征在于：包括手杖（3）和设置于手杖（3）下端的另一支撑板（4），所述另一支撑板（4）上设有若干通孔，每个通孔固定连接竖直向下的成孔器（2），所述成孔器（2）为两端开口的锥型中空圆管结构。

6. 根据权利要求5所述的土壤植孔装置，其特征在于：所述另一支撑板（4）上的通孔均匀分布。

补充说明： 土壤植孔装置申请在格式上获得了武汉科皓知识产权代理事务所的技术指导，该申请把两个解决方案作为一个总的发明构思进行组织，具备两个独立权利要求与两个附图，并且每个独立权利要求都有相应的实施例。具体在权利要求书中分两次出现"一种土壤植孔装置，其特征在于"。土壤植孔会有机会容纳雨水，增进坡地保墒，对于轻设施农业或坡地种植或有进一步研究空间。

第三章　简微专利培育

　　好的东西谁都想拥有，美的东西谁都想欣赏，但是不舍得下力气与投入是难以实现的。不少人发现专利的美好，尤其是出于功利性，也多想尝试。理想很丰满，现实却骨感，高质量创新其实不是一件容易的事情。专利的起点是技术构思，接下来是文件撰写，中间环节是对审查意见的答复陈述，最后才是公告与授权。万事开头难，难在获得技术线索。简微专利虽然简洁，但并不是唾手可得，而是妙手可得。如同婴儿学走路、学说话，需要示范下的训练，简微专利创新能力的获得同样需要培育。专利申请人在了解专利法律知识的情况下，掌握部分写作技巧，可以做到申请文件合规与严谨。但是专利申请人的创新能力则需要持续培育，以便缩短技术的形成时间并提高技术的完善程度。

第一节　熟悉技术路径

一、现象分析

社会需求催生技术创新，有些是当下现实需求，有些是未来需求。"卡脖子"的重大技术问题以及未来竞争的前沿技术问题，基本上都是有着很大难度的公开技术问题。这类技术问题的解决属于攻坚战，目标很明确，路径也很复杂，一般导向为高价值，离不开政府支持下的基础理论研究与技术开发的结合。另一些技术问题源于生活与生产，且与社会民生密切相关，似乎可以短平快地解决，普通发明人可以依据兴趣与能力自主尝试。对于后者的技术问题，一旦熟悉了背景领域，明确了技术问题，创新就能有的放矢。如杆秤不能承受大象体重是具体技术问题，从而引发了大型衡器的实际需求。

既有产品或方法在实际应用中，需要因新的需求与认知来弥补缺陷，这就好比药物能够治疗某种疾病，但也存在某些不良反应。分析使用对象中的功能不足，挖掘区别于既有特征的改进措施并得到更加完善的效果，基本也就具备了申请专利的条件。由于针对的是既有产品或方法，因此创新的东西属于替代，并不是特别紧迫，即使没有也能照常运转。这类创新如果在市场上没有更高的性价比或者细分市场规模不大，就属于同类竞争。多数情况下对现象进行分析思考，基于生活与专业发现缺陷并探讨改进方法，多少会产生积极的灵光闪现；而除了检索是否已有专利布局或产品外，更重要的是要考量应用市场规模。我国专利申请已经实现数量突破，应更注重专利质量的提升，替代性创新极有可能被质疑为创造性不足。

二、应用开发

针对新事物或新问题开展应用研究与开发研究，先到先得，首创明显。不仅应用领域存在的真实技术问题没有具体或明显公开，而且应用领域的市场预期也没有公开。这就决定了问题局限在狭小的行业或专业领域内，社会参与并不充分（不存在重复性），缺乏对标参考，使得应用研究结果的首创成分显著增加。应用研究与开发研究过程，有理论分析，更有科学实验配合。与基础研究的随意性和不可预见性不同，这类研究市场导向明显，有着明确的实际应用目标。由于需要资金保障，一般是有组织科研，存在立项环节与严谨的技术路线。这在制度设计上保障了应用与开发结果的先进性。

理论结合实验研究新问题的过程中，或有共性技术产生或新应用出现，多属于首创式创新；当扩展至其他领域，则因为先进性实现对陈旧技术的替代。这种替代不是同层次的简单替代，一般是革命性的跨越式替代，其离不开强大的理论创新与厚实的实践开发。显然，之前完全没有出现过又实际满足了新需求的技术，很难有证据质疑新颖性与创造性。彼此处在同一个起点，至少不是跟在他人后面做理论研究与技术开发，创新的成分就会充足、有把握。如高铁刹车技术，作为新事物与普速列车的刹车自然会有不同。又如图像识别技术不仅用在人脸识别，也可用在道路表面损坏，以及垃圾分类等不同领域。

三、自主模仿

模仿是专利创新中的一个捷径，因为有了前人申请的参考，可以避免走弯路，正所谓站在巨人的肩膀上才能看得更远。但是模仿更多地体现为专利申请文件文本格式满足要求，对技术本身的模仿是难以产生实质创新的。

模仿学习的渠道有很多种。其一，在网上搜索"专利查询"

可以出现 SooPAT 专利搜索、智慧芽、专利信息服务平台等多个数据库链接，一般需要注册后享受服务，有些需要付费。其二，进入"cnki 中国知网"单独勾选专利进行检索（见图 3 - 1）。其三，寻求周围专利达人的帮助，翻阅他们的专利证书，也可以向他们索要技术交底文本。其四，借助央视科教频道的"我爱发明"栏目，该栏目更多地展现为物化创造的过程。前面两个渠道可以掌握文本格式与要求，而只有系统深入地比较不同专利的共同点与差异点，才能更好地掌握基本格式要求；只有主动实践撰写文本，才能发现不足，同时对照授权专利，进一步改进提高。

图 3 - 1　搜索专利检索路径

国家知识产权局政务服务平台作为官方服务平台提供的信息全面且权威，可以通过端口"专利检索及分析系统"进行查询。不仅如此，还可以通过端口"中国及多国专利审查信息查询"来查询申请情况与审查进度。当然中国专利信息网也可以提供检索、翻译、咨询等服务。

挖掘沉淀资源也是模仿的一种特殊形式。专利数据库中公开的文件，包括正在实质审查的专利，也包括授权保护的专利，还包括无权的失效专利与"视为撤回"的未授权专利。针对某个感兴趣的主题进行检索，就能够查询到很多公开的失效专利文件与"视为撤回"的专利申请文件。类似于文献综述，挖掘社会需求前景好的不完善对象，分门别类地归纳整理，就能够找到共同的基础技术特征、差异化技术特征，并基于此构架发展方向构思新的技术方案，进一步结合需求对缺陷与不足进行改进与完善。正所谓站在巨人的肩膀上，起点高了并且知己知彼，对专利申请的新颖性与创造性都会有较高的把握。

四、委托代理

专利申请可以由国家知识产权局专利申请系统自主提交，为了提高专利申请文件质量，可以委托专利代理师负责申请文件的撰写与提交。

专利申请人值得委托专利事务所进行代理，正所谓专业人做专业事。前提是做好技术交底，要保证主要的创新点已经提炼，以便专利代理师更清晰地表述创新及更精准地提出保护范围。如果只是偶尔的技术创新，可以把繁杂的格式要求转交给专利代理师。一般每件申请的代理服务费用在 3000～8000 元。代理服务费之外，还有缴纳给国家知识产权局的申请费、实质审查费，以及登记费与年费等。需要注意的是，关于申请费、实质审查费与年费等，国家知识产权局会对非营利机构进行减免。这一举措对于高校院所减负效果明显，有力地促进了申请数量的提升。

委托专利代理时，社会信誉高、授权质量高的代理事务所自然是首选。一般而言，可以找专利达人推荐代理事务所，也可以找地方知识产权服务机构推荐，其一般都会引进或备案高质量的代理事务所，后续程序主要是签订合同与技术交底沟通。不可否认，除更精通格式之外，专利代理师还多具备挖掘专利技术的能力，通俗地讲，就是根据既有素材进行专利思想提炼的能力。

专利代理流程见图3－2。

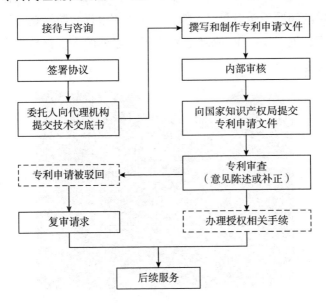

图3－2　专利代理流程

五、正视创新障碍

由社会需求挖掘的技术问题，必须找对问题领域以及具体技术问题，才可能积极创新。在陈旧领域或不重要领域进行简单创新，不可能得到保护。专利申请的障碍不在于申请文本格式，主要在于技术本身（时代局限与能力局限等）。大体而言，创新的主要障碍包括无法发现技术问题，或触及了认知天花板等。

无法发现技术问题，有时缘于领域屏蔽，是因为居于专业技术领域之外而无法接触到相关需求。例如，高速铁路的刹车系统，虽然大家都会坐火车出行，但是思考与研究这类问题的人非常少。又如，普速火车座位背靠背，当动车与高铁运行后有部分人处于逆前进方向就会不舒服，这些人需要的是可调节座椅。相对简单的问题不会引起路人探究，如路侧电杆的防撞垫（以前从未重视，见图3-3），隔离在技术需求之外的人，自然不会去研究或思考解决办法。

图3-3 电杆基部防撞垫

无法发现技术问题，有时源于自我屏蔽，虽然围绕在领域周围却无所作为。因"事小"而不为，不去解决"细微技术"问题。例如，橡胶鞋底的运动鞋有平衡舒适度、耐久性与助力的需要，虽然绝大多数人都是运动鞋的使用者，但只有少数人会凭借专业与执着主动追求技术进步。如耐克公司创始人奈特的合作伙伴兼跑步教练鲍尔曼，就热爱捣鼓鞋子并发明了华夫鞋。

无法发现技术问题，有时源于认知浮在问题表面。表象上涉及技术问题，但实际上只是在技术问题的外围打转转，并没有挖掘到真正的关键技术问题。如心率与驾驶行为有关系，发明一个智能穿戴产品根据心率预警驾驶行为，虽然大方向上属于智能驾驶，但究竟要解决哪个具体问题仍没有落实，无的放矢，也就抓不住重点。

发现技术问题却无法解决，是因为认知有天花板，超出认知能力的事情是无法有所作为的，于是不得不选择暂时回避或漠视技术问题。具有超出时代背景的能力，一般是达到了技术天花板，事实上，奇才是极其稀少的。如三国时期，在众人茫然之际，曹冲首先找到了称大象体重的方法。方法总比困难多，要做个乐观向上的人。

第二节　自主申请的要点

一、申请文件格式化

反复比较授权的专利申请文件，就可发现格式化的结构组成，且都有突出的核心关键词。专利申请文件基本包括摘要、权利要求书、说明书、说明书附图等，受理通知书与公开的专利申请，还有申请号、申请日与分类号等必要的由国家知识产权局赋予的法律内容。

说明书是专利申请中记载技术信息最多的部分，也是权利要求书的基础。说明书的组成部分包括技术领域、背景技术、发明内容、附图说明、具体实施方式、附图等。（1）在"技术领域"栏，关键词是本发明、本实用新型、本外观设计涉及领域。

（2）在"背景技术"栏，主要介绍对象的现状与问题。首先要介绍对象与提出问题，因为只有在生活与生产中发现问题，指出现有技术的缺陷与功能需求，才有可能去探索解决问题的方法或创造产品。其次要分析问题，给出解决问题的方向。（3）在"发明内容"栏，关键词包括"提供、所采用的技术方案在于"、"有益效果在于"，也就是提供方法与产品名称、技术方案以及技术效果。首先要给出技术方案，要求其与现有技术相比，具有突出的实质性特点和显著进步。其次要给出技术实现的机理。最后给出应用领域与意义。技术方案需要反复推敲。（4）附图说明是为了更好地补充细节，尤其是对于实用新型，必须展示结构形态。

权利要求书限定了所要保护的技术范围，主要关键词包括"其特征在于""根据权利要求×所述的"。原则上，一个专利申请可以有多个独立权利要求与多个从属权利要求。《专利法实施细则（2010）》规定：独立权利要求应当从整体上反映发明或者实用新型的技术方案，记载解决技术问题的必要技术特征，并可区别于背景技术。从属权利要求应当包括引用部分和限定部分。所谓引用，是指写明引用权利要求的编号及主题名称；所谓限定，是指写明附加的技术特征。刚开始接触专利申请时，肯定会遇到技术性门槛，权利要求不宜写得过于复杂，重点在于保证独立权利要求的独立性并以若干从属权利要求进行补充。适当数量的非必要技术特征作为从属权利，提供了独立权利要求修改的余地；非必要技术特征进入独立权利，虽然缩小了保护范围，但是提升了授权可能性。当有多个解决方案集合为一个总的发明构思时，可以作为两个独立权利要求并列在一件申请文件中，以便节省专利申请费用。专利法实行一件申请一项发明的原则，但属于一个总的发明构思的两项以上的发明或实用新型也可以作为一件申请提出。审查员认为专利申请不符合申请单一性的原则时，就会通知申请人在指定的期限内做出某种舍弃或申请分案。

二、技术特征的一致性

体现技术特征的内容或字段会在专利文件的不同地方反复出现，既是强调其重要性，也是必要的技术组成。为了减少审查员的工作量，一般尽可能地让技术方案、具体实施方式以及权利要求书的文字组成与顺序叙述基本一致。对于工艺方法类，主要在于工艺步骤要清楚，同时对步骤内的内容进行必要的从属权利限定说明；对于配方产品类，主要在于配方的范围要清楚，同时实施例一般要求给出配方的上限、中限与下限的实例，最好同步给出不同配方下有差异的不同效果。对于结构产品类，主要在于结构组成与相互关系要清楚。也可对照前文方法类专利申请实例、产品类专利申请实例以及可借鉴的专利证书进行对照，识别关键词与关键字段。

三、最大向心性

不少发明人无论是研究还是发现，构思都有较大的随机性，导致专利申请凝聚力不强，难以形成群团效应。专利创造要追求向心性，如果比较分散，则会被各个击破或有意绕避，无法实现排他的市场价值目的。顾名思义，向心性就是有稳定的中心并向外扩展。专利向心性，第一层意思是指独立权利要求以必要的核心技术特征卡位实现基准功能，同时从属权利要求以非必要的扩展技术特征为主，以便保护范围最大化。在这里，从属权利以独立权利为中心向外扩展。专利向心性的第二层意思，是指专利申请围绕基础专利实现组团化扩张，既有在先优势，又有一定的横向与纵向膨胀带来的壁垒优势。向心性落实得好，可以增加细分领域产品多样性，减少被竞争者模仿或"卡脖子"的可能。

四、合适的保护范围

申请专利是以保护为目的，保护范围并不是越大越好，过大的保护范围反而会增加与其他文件交叉重叠的可能，非核心技术特征可优先放在从属权利中，独立权利要求必须体现完整技术方案。发明或实用新型专利权的保护范围以其权利要求的内容为准，说明书及附图只是解释权利要求并公开了非保护范围的技术特征。

一般来说，专利代理师比发明人更加倾向于最大化权利要求的保护范围。在进行侵权判定时，一般以权利要求的整体技术方案（全部必要技术特征）被侵权物全部采纳则落入专利权保护范围，也就是说，在他人基础上搭架子是需要特别许可的。即使字面上的特征可能不一样，也可以通过分析认定为等同技术特征，被侵权物也可能会落入专利权保护范围。由此可以看出，权利要求书核心字段非常重要。产品配方必须是通过很多次试验取得的，大多数人都认可的配方应该模糊处理数值范畴，以免被刻意仿制，如果只是一个确定数值，那么很容易失去保护的意义。要巧妙地利用展示功能特征与结构形态的技术术语组成独立权利要求，而不能只是实施案例的具体部件。否则，保护范围会因为需要等同技术特征的认定而增加不确定性。

以"雨水井集污装置"为例来比较技术术语的差异。发明人笔下的技术特征如下：

一种雨水井集污装置，包括浅平底托盘、敞口内仓、卡槽；托盘为矩形置于沉渣池内，托盘边壁上有卡槽与孔洞；敞口内仓以开口向上方式竖直凸出地坐落在托盘中，其外壁有卡板可上下移动地限位在卡槽中；敞口内仓的开口尺寸小于托盘的短边壁；有把手状塑胶钢丝环各自穿过托盘或敞口内仓边壁的孔洞；上部有拦截枝叶的网框，网框内四角有立板干扰枝叶的排列防堵塞，网框侧壁有弧状凸起。

专利代理师笔下的技术特征：

一种雨水井集污装置，包括悬置集污组件以及井底截污组件，悬置集污组件包括集污件与干扰网板，集污件包括集污网框以及设于集污网框下端的集污底网，集污网框与集污底网共同围成上端呈开口设置的集污腔，干扰网板设于集污底网的上端，干扰网板沿上下向延伸，用以干扰树叶的下落，集污网框用于悬挂于雨水井的中部，井底截污组件包括用于设于雨水井井底的截污托盘，截污托盘具有上端开口设置的截污腔，通过悬置集污组件收集体积较大的杂质，通过截污托盘收集体积较小的杂质，以使雨水井集污装置分别处理杂质，防止雨水井集污装置堵塞。

五、严谨的实施例

说明书包含能够实现专利的要求，具体以实施例进行解释。实施例是优选的、具体的方案，解释说明了专利的可操作性以及由技术特征出发达成有益效果的路径，用以支持所要保护的权利要求。实施例要详尽，包括权利要求的技术特征、有益效果及必要的工作原理；在常识与原理上无法实施的专利也不能转化为物质产品，如两个部件如果采用胶结、热熔焊或者电焊等束缚，在常识里面是不可能发生相互转动的。专利保护范围包含实施例，实施例不会限定保护范围。有些专利代理师把技术背景放在实施例的前段，把原理融合在技术特征中。独立权利要求设置一个实施例，实施例可以移植复制。比如把独立权利要求的内容直接撰写在第一个实施例中，并清晰地用数字标记结构部件。进一步地，对不太确定的词语或步骤进行解释，方便审查员与本领域技术人员理解与实现。从属权利要求服务于独立权利要求，两者之间是先后或递进关系，从属权利要求作为先前方案的扩展与补充，也需要进行解释说明，从而形成更具体的完整实施方案。从属权利之间一般是并列的，因为细部技术特征不一样，实施过程也不一样，推导出的实际效果也会有明显不同。如果有多个实施例，需要说明实施例之间特征及效果的区别。

六、创新注意事项

加强专利知识学习对不断创新很重要。专利审批流程是以《专利法》《专利法实施细则》《专利审查指南》及相关法律规定为依据的，其中包括专利申请的受理、审查、授予专利权或专利失效等程序。发明人虽然不从事专利代理业务，但需要熟悉基本的专利业务信息，如各种时间节点。

信息检索很重要。专利是追求创新的技术方案，至少在发明者的认知层面上具备新颖性与创造性，否则就没有申请专利的必要。因此，利用专利信息系统进行检索已经公开的技术方案很有必要，不能辛苦一场却只是重复他人劳动。当然，检索可以自主实施，有条件时，还可委托知识产权行政部门进行付费检索查新，这类似于提前的实质审查，能够检索到尚未公开但是已经提交到专利申请系统内的文件。

如果信息检索不到位，可能会做成近似度较高的发明。下面两个专利就有高度相似性。一种草坪地成孔装置（ZL2018104633707）解决草坪地渗透性的技术问题，主要技术特征包括手杖、支撑板、成孔器等。一种草坪打孔装置（ZL201520746010X）解决草坪透气的技术问题，主要技术特征包括立杆、钉盘、打孔钉等。虽然实心钉对土壤有挤密的副作用，但是把钉调整为中空管可能是普通技术人员的常识操作（一般认为不需要创造性脑力劳动）。审查意见通知书显示"权利要求不具备创造性，本申请将被驳回"。

敢想敢为很重要。设计技术方案时，要动用超强大脑，大胆思考，不破不立。被思维定式的大山挡住了出路，愚公只认识到了"移土挖山"的常规措施，缺乏创造性举措；在精准扶贫指引下，"愚公出山"还有三种方案：实施易地搬迁，依托垭口与山坡修建盘山公路，选择隧道通达。愚公移山的新时代精髓在于敢想敢为的创新精神。没有思考就没有方案，没有方案就更难有行动，在这里，切忌思维僵化。例如，自水泥混凝土应用以来，使用厂拌混凝土或现浇混凝土已经成为基本共识，而谁又能触及水泥毯这个变革？但是工地残留水泥的包装袋遇雨水凝结成板或壳又是非常普遍的问题。遗憾的是，鲜有人对其解决方法进行创造性挖掘。同样地，工地上的手推独轮车也已经司空见惯，但是安装一个可收放的附加支撑轮来平衡和节省力气，也只是近年来才有的创造。类似地，常识中电池多是圆柱形的，比亚迪公司则采用刀片结构提高了电池包体积利用率。

模仿提高很重要。合理的模仿是基于对范本的正确解读，尤其是关键字段。找几个主题相近的专利证书或申请文件，由简单技术到复杂技术，多次仔细阅读，找出每个独立部分的关键字段，采用"求同存异"的方法加工，保留相同的关键字段，更改其他字段，"照葫芦画瓢"，便可事半功倍。当然，不能只一味做简单的模仿，也可以站在巨人的肩膀上，更上一层楼。模仿只能是模仿格式与体系，是消化通用的技术特征与识别差异性的社会需求。否则，模仿只会退化到抄袭层面，与实质创新脱节。

持之以恒很重要。不少人发现了专利的好处，也羡慕拥有专利的发明人，但是自己动手时，要么浅尝辄止，如想到一个方案就兴冲冲地去跟专利代理师交流、初步检索就被证实与前人之作重复后便不再钻研；要么破罐子破摔，想着反正创新不是强项，数次碰壁便选择放弃。事实上，创新活动可以让发明人富有活力，经常琢磨会带来意想不到的专利思想效果。凡事怕琢磨，唯有持之以恒，久久为功。其间可以有间断，甚至开小差，但一定要坚持。

观察记录很重要。人生活在自然环境中，无论城乡，均具备大量的人为痕迹。四大发明应该也是在生活体验的观察中产生的。走在马路上，汽车噪声很大，可以思考降低临街住宅噪声的方法；环卫工人清理雨水井很麻烦，可以思考减少雨水井沉渣的方法；夜晚关灯后空调遥控板看不清，可以构思一个按键发光的遥控板。需求无处不在，只是需要开动脑筋思考改进完善的方法。当脑海中闪现新思路时，一定要当即记录下来，否则很容易遗失。之后，基于基本的理论常识，必要时向专家请教，综合多个方案，就可促成创新思想。专利源于生活与生产，幻想足不出户地重复追求"诗与远方"，也是行不通的。

交流斧正很重要。虽然技术秘密要保密，但是在一定范围内进行沟通交流是可取的。智者千虑，必有一疏，闭门造车会囿于"一家之言"，"三个臭皮匠，赛过诸葛亮"，实质上也是发挥"头脑风暴"的作用，从不同角度对技术方案进行完善，有助于包容性强的完整方案的最终形成。当不确定技术方案会不会被剽窃的时候，最好由信得过的人来评价方案。初始方案形成后，要在自我反思与交流中，不断地进行修改与完善。即使委托了专利代理师负责，也需要反复不断地交流技术的根本特征与效果。

去繁就简很重要。方案的形成离不开循序渐进、反复修改的过程，不要奢望一步到位。初始方案一般反映了主题的必要性，以及解决技术问题的整体轮廓，当然也留下了优化空间，使其后续能够产生改良的技术特征，甚至是革命性的技术特征。反复地做加法与减法，方案也会有从简单到复杂，再由复杂到简单的转换，或者说堆砌或删除一些冗余特征，不断地集中与突出服务主题的技术效果。简微专利天生排斥复杂技术，要让批量实现产品变得容易，就必须充分体现技术的经济可行性。

思想端正很重要。仅仅是为了取得专利证书而去申请专利，并不是热爱专利创新，更谈不上挖掘实用价值，反而搞错了创新的真实意义。简单地说，可以想到的比他人晚（也是英雄所见略同），但是不能不考虑实用性（虚无的构思落不了地）。如果不考虑实用性，即使拥有再多的专利证书，也只是形式上的胜利。对于创造性不高的东西，作为练习去模仿专利申请，也是值得肯定的。

集成特征很重要。必须清晰地认识到：核心特征点之外，一两个普通特征点不足以支撑创新，只有集成若干个特征点，才有形成完整方案与实现授权的可能。以户外防疫垃圾桶的创造为例，面对的技术问题是便利拾荒与杀菌消毒。初稿特征点重在便利拾荒，但没有创新突破。

垃圾桶（1）上支撑有防雨盖板（2），防雨盖板（2）与垃圾桶（1）间有宽大的间隔；防雨盖板（2）上固接被隔板（4）在竖直向一分为二的网框（3），网框（3）通透有网眼且开口大；隔板（4）顶部在两端头与网框（3）的上圈梁以转动形式铰接，隔板（4）底部在两端头与网框（3）的底圈梁以滑动形式铰接，隔板（4）采用伸缩式。

第二稿加上消毒特征点：

……挂篮小巧与缩颈且有碟状浅底，悬挂在网框外侧并贴有鲜明的口罩与纸巾标记，内壁上装有带喷嘴与按压头且内储杀毒液的储液瓶。

第三稿继续优化特征点：

……网框（2）中上部悬吊有豁口的主仓室（3）；太阳能电池板（4）遮掩中仓与边仓；中仓内储消毒液且配有旋转螺母的滴灌头，边仓嵌有紫外线灯珠。

图3-4展示了防疫垃圾桶特征点不断追加后的变化。

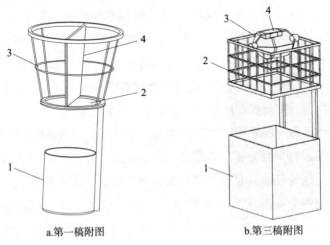

a.第一稿附图　　　　　　b.第三稿附图

图3-4　防疫垃圾桶特征点变化

　　选题与实验能规避低质量专利申请。高质量发明创造要注重选题，在传统领域或非重点领域，进行简单创新，难以得到保护。对已经完全解决的技术问题，没必要再挤进去搞有组织的创新，坚决不炒现饭。选题宜聚焦新时代关键词，如智能建造、智慧城市、低碳、储能，或新材料、新设备、新工艺等。高质量发明多有必要的科学实验支撑。例如，德国外科医生维尔纳·福斯曼在 1929 年当助理外科医生（专业从业）时，发明了心脏导管术。他认为急需发明一种触及心脏内部的方法（敢于突破）。通过先后 9 次实验（科学实验），由肘部静脉血管穿刺推入软导管进入心脏部位，拍摄了 X 线照片，福斯曼撰写了题为《右心导管检查术》的论文，报告了他提出的心脏导管术及其在诊断治疗上的作用。库南德和理查兹两位医学家重视并改进了福斯曼的心脏导管术，并获得重要成果。三人于 1956 年被授予诺贝尔生理学或医学奖。

第三节　简微专利申请实践

　　没有亲尝，就不会知道佳肴的美味；没有体验，就不会感同身受。城市学生在劳动课去野地里挖树苗，在实践中会发现徒手拔树苗、戴上手套拔树苗与铁铲挖树苗的效果差异，也会发现初雨后、连续降雨后、连日干燥后、降雨干燥数天后等不同时段土地松软与施工操作的差异。实践才能出真知，即使是蛮干，构思也会得到检验。专利申请需要勤于实践，不宜闭门造车。干就是了，撸起袖子加油干。

一、雨水箅子案例

1. 背景技术

雨水充沛地区，过度硬化的地表容易形成地表径流；当汇流面积过大时，容易在低洼地区形成积水，导致交通出行困难，并形成城市"看海"奇观。雨水箅子就是立于雨水井口平坦过渡雨水而又阻止杂物进入井内的排涝设施。遇到大雨时，为了快速排水，市政人员需要打开雨水井盖。在缺少警示的情况下，过往车辆与行人等容易陷入雨水井。为防止这一情况的发生，需要辛苦排水的防涝工人，或由志愿者看护雨水井口。为了解放人力资源，需要开发能够开启又便于闭合的雨水箅子，这要求发明人具有一定的基础知识储备，"见多才可以识广"。可以通过网络检索，也可通过生活观察，还可以通过沟通交流，对雨水箅子形成一个基本的轮廓概念，找出产品的基本功能、共性特征以及个性优劣。图3-5为市面上现有的部分雨水箅子及其应用。

图3-5 现有部分雨水箅子

2. 发明内容

本发明提供一种雨水箅子，主要借助转轴与两片梳型肋便利人力旋转开启与彼此支撑从而实现快速排水。本发明包括转轴与梳型肋，所采用的技术方案在于：所述的转轴有四个，分别固定在矩形框架的左右两个长边；所述的梳型肋有两片，分别与转轴连为一体并可绕转轴旋转如门式对开；梳型肋设置有彼此分离的肋条，两片梳型肋的肋条相互交错且所有肋条间有一致的间隔；肋条上穿有活动卡套且数根肋条设有定位用的卡槽，卡槽位于肋条的外端；正常情况下，活动卡套位于肋条的根部，应急排水时提起梳型肋待活动卡套落入卡槽后，两片梳型肋能够在自身重力作用下形成铰支撑。

本发明所述的活动卡套由连环圆圈套组成，可在一定外力作用下变形失去定位与支撑功能，且容易维修更新。本发明所述的转轴与梳型肋，可采用钢铁或树脂制备。本发明所述的梳型肋，正常情况下平放于雨水井口；待应急排水时可由平面旋转开启箅子并借彼此搭接形成铰支撑扩大排水；遇到较大荷载时，活动卡套易因变形失去定位功能，导致梳型肋自然平放于井口，雨水箅子闭合归位。

3. 技术特征分析

（1）两片梳型肋绕转轴旋转如门式对开的开启闭合系；（2）相互交错且有间距的肋条系；（3）连环圆圈套的定位支撑系。实现第一个技术特征，必须是分离的且可转动的物体，要比较单侧固定单侧搭接还是两端分别固定与搭接；实现第二个技术特征，均匀分布有镂空体即可；实现第三个特征，要比较用易损棒单侧支撑还是依靠彼此的铰接支撑，同时在确认"彼此搭接的铰支撑"能够较好防止井口被堵的情况下，要考虑连排矩形套等易变形结构便于外力作用下的自我归位。技术细节体现在附图的变化中，图3-6是雨水箅子的创作过程简图。

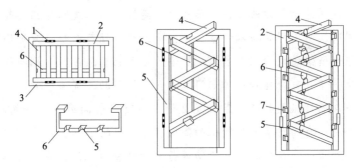

图3-6 雨水箅子创作过程

补充说明：2009年夏季笔者在昆山建委系统短暂工作时，发现暴雨时节需要快排功能，打开井盖与箅子后由人工站岗放哨很辛苦，便一直在思考解决方案，但并未认识到要做专利创新；直到2010年，与专利达人叶建军博士同在湖北文理学院工作，受其影响，并在襄阳市专利局的帮助下走上专利创新之路，才开始主动思考新型雨水箅子问题；2014年初步形成解决方案，2015年正式形成方案，在绘制专利附图时又与学生一起反复修改技术方案，最终通过学校自主端口提交国家知识产权局受理，经过数次辛苦的答复陈述，于2017年8月成功获得授权。学生第一次看到自己的名字在发明专利上出现时，内心是非常激动的。

二、培养植物的塑胶瓶案例

1. 背景技术

很多地方由于气候条件原因，降水量极小，导致地质表层干燥，植物稀疏，特别是在我国的西部高原地区，降水量小于蒸发量，导致土地黏粒与水分缺乏，使砂土之间缺少黏合力，造成随风扬尘，导致沙尘暴发生。多年来虽不断培育草灌植物等植被，但节水种植依然是关键。

2. 发明内容

本实用新型的目的在于提供一种用于培养草灌植物的塑胶瓶，可将经水饱和的土/肥混合物料填充瓶体内，直接采用瓶体埋置在土壤中培育草灌植物，可有效解决水土流失问题，起到保土保水的作用。

本实用新型所采用的技术解决方案在于：用于培养草灌植物的塑胶瓶是一个圆柱体的瓶体（1），在瓶体下方是一个尖锥形瓶底，上方是敞开的瓶口（2），瓶底上设置有数道细条状镂空滴漏口（4）。所设滴漏口（4）可呈伞状均匀分布在尖锥形瓶体上。为了有利于草灌植物更好生长，在瓶体（1）中间部位设置有数个透气孔（3）。

上述技术方案，结构科学简单，造价低廉，使用时只需将饱和的砂土与肥分预混物料填充入瓶体后，埋植入土壤中，即可在瓶体内种植草灌植物，并可采用系绳将多个瓶体串联后环绕树干埋植于土壤中使用，由于瓶体为塑胶材料，可避免水土流失；瓶底所设数道滴漏口可使瓶内储水缓慢渗透，加之瓶体四周有数个透气孔，可起到透水与透气作用，避免滞水烂根现象，并有利于植物根茎向四周扩展。图3-7为塑胶瓶简图。

补充说明：绿化领域常见的"控根器"是这类产品的佼佼者，也是侧向有突出的透气孔洞，依靠弯曲回卷成为圈体；遗憾的是，笔者的知识体系不属于该专业领域，在2010年12月进行该专利申请时完全没有接触过这些专有名词，同时也就没想到加工制造实物模型。当时虽然利用矿泉水瓶改造为样品进行了室内外试验，并在《农业工程学报》发表论文，但是这与产品加工与市场应用的成果转化具有非常大的差距。这间接地说明，创新离不开技术领域的专家斧正，创新目的要指向市场应用。

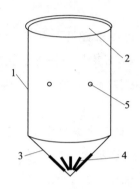

图 3 - 7　培养植物的塑胶瓶

三、利用空调水的案例

1. 背景技术

夏季高温开空调能提高生活质量，但是在碳减排的要求下，如何最大限度地发挥空调消耗的能量值得思考。空调压缩机在工作时，会产生冷功，而制冷剂经压缩产生冷功时，会向外泄放冷功，故传输制冷剂的管道和冷凝器表面温度极低。大气中富含饱和水蒸气，这些水汽和大气其他成分一样，有趋冷的特性。水汽向管道及冷凝器不断集中和受冷形变，导致水汽由气态变成液态，于是就会出现外机"滴水"现象。这个有势能的水是否可以加以利用？形成方案的过程比较纠结，经过不断的讨论与修改，前后呈现四个版本。

2. 第一版本发明内容

本实用新型提供一种利用空调水的室内补水装置，包括引流管、控制夹、盖板、海绵竖立块、收纳盒和溢流管，所采用的技术方案在于：所述的引流管在一端与空调排水管连接，另一端与海绵竖立块连接为一个整体，中间设有一个控制夹；海绵竖立块为长约 30cm，宽约 15cm，高约 15cm 的长方体，后侧正好嵌入盖板内，底部盛放在收纳盒里；盖板与收纳盒采用合页连接，可翻转并垂直放置；收纳盒上部距离 1cm 处设有溢流管，另一端通往室外。

构思点评：具体的海绵块与收纳盒等部件的尺寸不用特别地在独立权利中明确，如果确实需要，可以在从属权利要求中限制。如同点滴的控制夹虽然可以控制流速，但是谁来主动控制，即使控制了，空调水也有可能沿引流管滴落，该特征需要改进。

3. 第二版本发明内容

本实用新型提供一种利用空调水的室内补水装置，包括引流管、盖板盒、海绵块、收纳盒和溢流管，所采用的技术方案在于：所述的引流管在一端与空调排水管连接，另一端与海绵块连接为一个整体；海绵块为长方体，嵌套在盖板盒内；盖板盒与收纳盒采用合页连接成为箱体，盖板盒与收纳盒之间呈直角保持海绵块竖立；收纳盒侧上部连接有溢流管通往室外。

构思点评：具体的引流能否实现控制？装置如何安放，是否考虑挂钩？

4. 第三版本发明内容

本实用新型提供一种利用空调水的室内补水装置，包括引流管、盖板盒、海绵块、收纳盒、溢流管和分水装置，所采用的技术方案在于：所述的引流管在一端与空调排水管连接，并设置"Y"型分水装置，另一端与海绵块连接为一个整体；海绵块为长方体，嵌套在盖板盒内；盖板盒与收纳盒采用合页连接成为箱体，盖板盒与收纳盒之间呈直角保持海绵块竖立；收纳盒侧上部连接有溢流管通往室外。

构思点评：增加的延伸技术特征为"Y型分水管"，但是具体结构与设置并没有明确，会被审查员质疑"措施模糊不清楚，不能构成完整的技术方案"；同时，Y型分水管的目的与效果具体内容是什么不明确，也不具备突出的实质性效果。

5. 第四版本发明内容

本实用新型提供一种利用空调水的室内补水装置，包括引流管、盖板盒、海绵块、收纳盒、溢流管、储水桶和挂钩，所采用的技术方案在于：所述的引流管在一端与空调排水管连接，另一端与海绵块连接为整体；海绵块为长方体并且嵌套在盖板盒内；盖板盒与收纳盒采用合页连接成为可以开合的箱体，盖板盒与收纳盒之间呈直角保持海绵块竖立；收纳盒侧上部连接有溢流管通向室内储水桶，收纳盒的后侧设置两个挂钩。

本实用新型通过简易装置有效运用空调水资源进入室内补水。连接空调排水管的引流管将空调冷凝水引入室内海绵块，海绵块可以吸收与锁住水分并借助较大的空气接触面积通过蒸发降低环境温度与补充湿度；盖板盒与收纳盒通过合页连接成为可以开合的箱体以及海绵块嵌套在盖板盒内，便于储放与空间利用；收纳盒承接海绵块饱和后的水分，也可蒸发与洗手等利用；收纳盒侧上部衔接有溢流管将多余水分引到室内储水桶，可将水资源再利用于浇花、冲马桶等；本装置除却平放之外，还可借助收纳盒后侧的两个挂钩悬挂在墙上。生产该装置没有难度，利用该装置收集利用空调冷凝水，增进居室情趣，也可补充湿度并降低温度。

构思点评：方案结构简洁，每个组成部件功能合理；同时补充了具体使用方法，即平放与悬挂，使得方案更容易被理解。在水资源充沛地区，这可能是个不太实用的笑谈，但在干燥时节也有现实意义。该专利申请未获得授权。由此可见，方案的形成不是一蹴而就的，而是不断做加法与减法的取舍过程。

第四节　创新能力培育

日常生活中，需要多种设施与技术服务于人类生活并解决生产环境中经常出现的民生问题。要乐于发现问题、分析问题与解决问题，乐于记录下自己的思想火花。在日常生活中做一个有心人，正所谓社会就是学校，何不"多用眼睛看事物，多用笔杆记事物，多用影像留事物，多用脑筋钻事物"。当然，这些都离不开扎实的物理、化学、生物知识等，即使没有科班培养经历，也一定要具备丰富的生活阅历常识。

一、社区噪声分析

1. 现状描述

襄阳汉江三桥的建设，不仅改善了主城区的交通压力，而且极大地提升了檀溪与施营等城乡接合部的土地价值。不过对于临桥的住户，夜晚噪声实在是一种煎熬。在一些特大城市或中心城市，如上海、武汉等，城市桥梁一般都设有隔音屏障。由于经济发展水平的原因，卧龙大桥建设与开通之初，大部分临居民区路段并没有设置实质的隔音屏障，以至于附近群众投诉噪声扰民问题比较突出。交通噪声问题客观存在，需要调研同类城市桥梁的解决方案，并尽可能结合实际情况提出自主方案。

2. 原因分析

（1）噪声与交通构成有关。襄阳汉江三桥承载了大量的过境货车，货车产生的噪声高出小汽车很多。（2）噪声与车速有关。车速越快，噪声相对越大。（3）噪声与路侧物理隔音设施有关。一般而言，临近住宅区的高架桥会增设隔音屏，并栽种乔木等物理隔音设施。事实上住宅区附近即使没有建隔音设施，住宅围墙与辅道之间也还存在宽约 30 米的草坪地带。（4）噪声与路表材料有关。不同的路表具有不同的减噪效果，如 OGFC 防滑磨耗层以及橡胶颗粒沥青混凝土均是著名的低噪声结构。

3. 建议措施

（1）分流大货车，具体是过境大货车禁止驶入内环线，绕行高速公路。（2）限制车速，具体是汉江三桥上车速限制在 50km/h 内，并在主线距离交叉口前方 200 米处增设测速摄像头，减少因刹车带来的噪声污染。（3）增设物理隔音设施，在汉江三桥主线临近住宅区段的防撞栏上设置隔音屏，同时在辅道绿化带上栽植乔木林带。（4）维修桥面铺装时，尽可能采用低噪声路面材料。（5）环保部门在汉江三桥开展噪声环境监测并设置显示屏，以普及噪声污染危害，有利于未来建设。

在接下来的思考中，发明团队又提出采用公益广告结合企业产品户外广告的形式，设置一批物理性声屏障碍，既控制了隔音屏的成本，又带来了社会效益。2016 年 1 月 3 日为大雾天气，襄阳汉江三桥的夜晚相当安静，这也是因为大雾天气客观上限制了大货车的快速通行，也验证了问题分析与建议的正确性。值得注意的是，提出的方案需要结合公共知识或既往事例评价技术可行性。

这里的隔音屏障是可以申请专利的，甚至对车速监控与平稳交通流保障方法也可以进行申请，但是一定要具备新颖性与创造性。例如，专利申请"一种篱笆墙"。

本发明包括中空玻璃瓶、混凝土立墙与收雨器与导水管，所采用的技术方案在于：所述的中空玻璃瓶在瓶底中央有小孔且保持瓶口朝外并斜向上埋置在混凝土立墙内；所述的收雨器为半包围敞口并嵌套住中空玻璃瓶的瓶口；所述的导水管嵌套在小孔内并斜向下延伸至混凝土立墙边缘；所述的中空玻璃瓶长短交错分散在混凝土立墙内，并且瓶口朝向迎风雨面。效果在于既可具备一定的隔音可能性，又可蓄水栽植植物提供降尘可能性。

构思点评：交通噪声是社会问题，历来饱受诟病；首先要调查清楚造成噪声的原因，其次调研既有解决方案，如隔音屏、微地形、分流交通等，涉及声学技术、交通管理技术与园林技术等，继而应就某种解决方案的改进方案进行深入的技术挖掘。创新的核心就是让大脑根据既有的理论基础运转起来，也可以脱离既有理论基础，让思想自由翱翔。

二、道路雨水井沉渣分析

1. 现状描述

城市道路两侧一般都设有排水系统，如收水边沟、雨水口以及雨水井。道路之所以能保持整洁，是因为环卫工作与雨水在起作用。伴随城市高压冲水清扫的制度化，以及由城郊带入城市的流失水土等，雨水井内沉渣越积越多。雨水井内虽然设计有沉渣池，但是在几十厘米到两米深的狭窄竖井内依靠人工清理沉渣也是相当麻烦的。首先要准备小型刚性掏挖工具，其次要打开雨水算子，再努力地由下朝上掏挖，最后翻倒沉渣继续掏挖。这个过程中，人工工作强度大，而如果采用机械旋挖与负压抽吸，不仅技术复杂、机械组织难度大，而且实际成本太高。具体见图3-8。

图3-8　环卫工人掏挖雨水井沉渣

2. 原因分析

雨水算子在路表拦截大尺寸枝叶渣，余下部分进入雨水系统，可以在雨水井中以悬空方式过滤拦截部分以及在井底沉积方式拦截部分，如此，有望减少在地下狭窄空间工作带来的不便。由于水往低处流，泥渣自然会在低处沉淀，但仅仅在低处沉淀也不行，还要做到重复清理与利用。海绵城市要求"自然净化"，合适的海绵措施有助于改善城市文明生活。这里已经明确了大致的可行方案，剩下的就是技术细节组织。

3. 建议措施

步骤1，在雨水口的路侧收水沟进水上游距离雨水口20cm位置开挖15cm深的坑槽；步骤2，在坑槽内设置厚15cm的表层有孔洞的蛋盘式沉泥盒或且进水侧有开口的箱式沉泥盒一处；步骤3，在雨水井内悬挂底部网眼密集且其余部位网眼宽大的拦截枝叶与泥渣的尼龙网兜；步骤 4，在雨水井内的底部平放有高度至井内出水口中心位置、横截面整体呈 W 形、边壁分布有网眼的双平底的储泥托盘。

4. 有益效果分析

路边缘特别设计的沉泥盒会主动在路表截留部分泥渣，雨水井内的网兜又可拦截部分残枝败叶与粒径偏小的泥渣，位于井底特别设计的储泥托盘又可借助水力旋转或溢流等实现泥渣的黏滞或沉淀，整体做到了分层分级截污，省去了在井底处置泥渣的麻烦。

5. 技术合理性分析

路边缘表层有孔洞的蛋盘式沉泥盒与箱式沉泥盒，满足了合适的接地支撑强度与沉泥需要，依据的是重物沉淀作用；尼龙网兜网眼大小不一的设计，便利了与滤水同步地拦截枝叶与泥渣，而尼龙网兜的悬挂设置也便于阶段性清除截污，依据的是阻挡作用；沉泥盒、尼龙网兜与储泥托盘，均属于海绵设施，便于环卫工人定期地取出并敲打清除泥渣后，再放回原位继续重复工作。

构思点评：道路环境污染是社会问题，既是政府责任又是个人责任。首先要调查清楚道路泥尘污染的原因，其次调研既有解决方案，涉及交通工程技术、环卫装备技术等，继而就某种解决方案的改进方案进行深入的技术挖掘。简单的头脑风暴小型会议也能产生思路，如吸尘与冲洗的装备，甚至黏尘的特种油泥材料。海绵城市技术的下沉式绿地、下沉式道路绿化带、生物滞留设施、旱溪、雨水湿地、蒸发池等，都可以依靠沉淀预处理马路的面源污染。

三、实训思考

海绵城市属于交叉领域，指城市在适应环境变化和应对自然灾害等方面具有弹性，下雨时吸水、蓄水、渗水、净水，需要时将蓄存的雨水"释放"并加以利用。2013年中央城镇化工作会议提出："要建设自然积存、自然渗透、自然净化的海绵城市。"综合采取"渗、滞、蓄、净、用、排"等措施，最大限度地减少城市开发建设对生态环境的影响。为具体开展海绵城市建设，住房和城乡建设部编制印发了《海绵城市建设技术指南——低影响开发雨水系统构建（试行）》，海绵城市的建设，有助于缓解水害问题。受制于财力与认知，必须结合地方情况探讨实用性技术措施。湖北文理学院围绕"渗滞蓄净用排"做出积极尝试，获得以下专利：储水树穴（ZL201520273761.4）、渗透停车场（ZL201720305686.4）、蓄水型停车场（ZL201920433568.0）、应急式海绵蓄水装置（ZL201721154857.4）、路缘带沉泥盒（ZL201821730104.8）、地下蓄水体（ZL201611011331.6）、雨水篦子（ZL201610092437.1）、浅沉式道路绿化带（ZL201810464024.0）、地表沁水方法（ZL201810035419.9）以及雨水井沉渣方法（ZL201810666909.9）。

道路防冰领域也是个不错的实训课题。现行路面设计规范对道路表层冰雪灾害的预防考虑较少。长江流域中东部因雨水充沛导致零散短促的冰冻期，桥面比普通道面更早结冰；由于海拔相对较高且无充足阳光，山区背阴坡道多有结冰；因冰滑移失去安全稳定性的道路交通事故在该区域多有发生。湖北汉十高速跨汉丹铁路桥、江西九景高速鄱阳湖大桥等均曾因桥面结冰发生特大交通事故。北方极寒天气也多次影响南方，2018 年 1—2 月份，波及中国中东部江汉、江淮等地的暴雪、大雪到小雪持续 35 天左右。冰雪天气导致追尾与侧剐等交通事故，出现高速关闭与列车停运等交通停滞。为解决该问题，聪明的车与智慧的路都应该发挥作用。

道路冰雪灾害对交通的严重影响不容置疑。需要解决的实际问题找到了（有实际应用意义，实用性不会被质疑），剩下就是寻找解决方案（追求创造性），前提是调查分析既有解决方案（以免失去新颖性）。机械清除法效率高，主要是转移冰雪的位置；盐化物融雪除冰法有专利记载的材料从无机材料到有机材料，技术更新频繁，❶ 主要是改变物质状态（热力融雪除冰法也是）；橡胶自应力碎冰法等也有试验，主要是基于力学。此外也有不少奇思妙想，包括利用汽车尾气除冰的设想。有不少人利用钻、磨、切、吹等机械力开发不同的碎冰机械走上了央视《我爱发明》栏目，最早的设想主要是模拟人工铲的切削力，又发展出多锤头冲击力、旋转磨盘的切削力等。通过分析可发现，多数方法各有优缺点，有一定针对性。湖北文理学院在道路防冰方面进行探索，解决方案主要是继承与创新的结果。先后获批实用新型专利"车用弹簧振子防冰垫"与发明专利"冬季道路冰层防滑垫"，两个专利的共同特征是：网格状外置结构垫＋可变形的弹簧单元；显著差异主要是：后者以水平向卧式线性弹簧单元取代前者的竖直向弹簧单元，同时以串装方式进行半自由的网格化固定，更便于前后左右自由端（振动）变形的自由发挥与摩擦阻

❶ 曹林涛，刘松，韩越峰. 融雪防冰关键技术及发展趋势分析［J］. 建材世界，2010（5）：53－56.

力的提高。目前这两个专利只停留在方案设计，尚未实验证实。

综上所述，专利文件在形式上看起来简单，但要做出有技术质量的专利文件，需要付出持续不断的心智劳动。一般要做好四个方面。其一，要持续投入时间，久久为功；大多数情况下不可能一蹴而就。其二，要放飞思想，敢想敢干；没有具体方案，就没法落地实施。其三，要反复做加减法完善技术特征，做加法是为了丰富必要技术特征，做减法是为了剔除冗余特征。其四，要舍得投入资金，优先委托专利代理师帮助提高质量，可回避文本格式问题，甚至改善部分技术缺陷。其五，仅有分析推导的预期效果还不足信，最好是增加必要的试验证据，做实实施例。

第四章　审查意见的答复陈述

专利审查是确保专利质量的必要环节，尤其是发明专利需要进行实质性审查。审查的核心问题是专利的实用性、新颖性与创造性，也要求专利必须是不违背法律与道德，以及不妨害公共利益的正能量技术。审查的背景资料包括公共知识、论文、报纸、网络信息以及专利库等。一般情况下，经过信息检索，多数会有最接近的比对文件，审查员会根据检索情况提出相关的质疑，这时就需要申请人举证陈述意见。专利法要求申请人在规定时间内陈述意见或进行修改，无正当理由逾期不答复的，该申请将视为撤回。特别地，鉴于我国专利申请已经由"追求数量向提高质量转变"，代理机构或申请人正式提交前对专利质量预审已经成为客观要求。预审有助于减少低质量专利申请行为，并把部分不适用于发明的申请引导至实用新型类别。

第一节　专利"三性"的认知

一、基本理解

实用性，是专利申请与授权的基础，尤其是实用新型专利要求所保护的结构形态能够制造或使用并产生积极效果。实用等同于可以使用，通俗地讲，就是不能瞎扯。这要求产品可以重复（绝对不是一次性的），且前提隐含了创造事物的可行性要求；如果不可行，技术达不成目的，也就失去了实用性。没有用处的东西就是空洞的虚无，再美好与宏大的构想都无法实现其价值。钢箱梁桥面上的沥青混凝土铺装容易出现剪切破坏，在轮迹带部位焊接的横向钢筋条可以提高界面抗剪性能，至于增加的荷载以及不平整度对桥梁的影响，不足为虑。实用性重在解决主要矛盾，例如"掩耳盗铃"方法，不仅技术效果上不可行，也违背法律与道德，不具备实用性基础。又如"守株待兔"或"子午奇谋"方法，因为是小概率事件或有较大失败风险而不会有积极效果，不具备实用性。再如"刻舟求剑"或"愚公移山"，要么违背科学规律，要么技术上不可行，要么技术与经济上均不可行。需要补充的是，还有些技术虽然可以实际应用，但重复应用频次很低，没有采用专利保护的必要。

新颖性，指该发明或实用新型不属于现有技术，也没有任何人就同样的发明在申请日前向国务院专利行政部门提出申请，并记载在申请日之后公布的专利申请文件或公告的专利文件中，解决了谁先谁后掌握并公开（登记与公开）以及是否为公众所知的问题。新颖的对立面是雷同或相同、相近或相似，通俗地讲，就是不能肆意"抄袭"。所谓现有技术是指国内外公知的技术，包括当前已经公开的专利申请以及被驳回的专利申请。打个比方更好理解，一个人今天穿的衣服不能跟他人尴尬撞衫，同时穿越到过去任何时间段也不能和别人一模一样，这就是具备了新颖性。手机袋出现在大学课堂有点新鲜，至少在手机问世之前并不存在，但是它更多体现为口袋功能的移植，由于口袋属于公知范畴，所以手机袋基本上不具备新颖性。古时候，人们称呼打尖与住店的地方为客栈/客店或者驿站/官驿，现代人称呼这类地方为饭店、招待所、宾馆、酒店，而伴随季节性乡村旅游兴起，又出现了"农家乐"这个词语。再举一个例子，据说有个人曾突发奇想地要求发明一个刹车系统，把地球的转动给控制住，让太阳永久地照射其所在国家的半球，而让另外的半球长期处于黑暗之中。这是个很新奇的构思，一般人根本想不到。

　　创造性是定性化的评价指标❶。顾名思义，创造不是破坏，而是人类智力劳动的积极结果，是借助工具产生新东西并发挥效用的过程。例如，司马光急中生智砸破水缸，体现的是应急能力，但不仅毁掉了器物也没有产生新东西，不是创造力。《专利法》规定，与现有技术相比，该发明具有突出的实质性特点和显著的进步，该实用新型具有实质性特点和进步。《专利审查指南》规定，当发明产生了预料不到的技术效果时，说明发明具有显著的进步并且反映出技术方案是非显而易见的。关于对创造性的驳斥，审查员会指出：上述区别特征为本领域技术人员的常规选择/本领域的常规技术手段，或对本领域的技术人员来说是显而易见的、不需要付出创造性劳动就能想到的，由此不具备突出的实质性特点和显著的进步，也就不具备《专利法》第22条第3款规定的创造性。一件发明专利申请可能有具体的创新点，但也可能因创造性并不突出而被驳回。

　　创造性与劳动和进步关系密切。科学技术具有较强的时代性，人类劳动（认知并改造自然）能力也一直在进步中。劳动

---

　　❶ 韩龙．专利代理实务讲座教程及历年试题解析［M］．北京：国防工业出版社，2015.

是人类区别于动物的本质，是改变自然，创造物质与精神生活的中间过程。由此，创造性就是向既有事物施加劳动创造新东西，它不是重复劳动，而是有差别劳动，是聪明大脑非重复劳动产出有益的新东西。在可能的有限范围内试验选择具体参数，属于重复劳动，且没有产生预料不到的技术效果，难以授权专利。创造性不好把握与理解，但可用摘果子的例子进行说明。踮起脚与伸出手去够树上的果子，那是动物的本能，明显不具备创造性；搬把椅子或举根棍子去摘果子，虽然使用了工具，但是没有产生新东西，属于公知范畴，也不具备创造性；如果制造一个飞行器或安上弹跳器，就体现了不一般的智力劳动并产生了新东西，则基本具备创造性。又如，通过化学用品人工合成制成的人造蛋，是基于常识的化学品进行了有效的组合，改变分散的化学品成为完整的东西，则具备了创造性。

借助寓言故事"守株待兔"可以进一步理解专利"三性"，用现代视角剖析该寓言是否具备授予发明专利权的可能。"守株待兔"提供了耗费较少资源获取肉食的一种方法，属于捕猎领域，解决的主要问题是如何轻松地获取肉食。"而身为宋国笑"一句基本说明，"守株待兔"不是公知常识性方法，在《韩非子》记载这件事之前没有人知道，这说明"新颖性"没有问题。"兔不可复得"清晰地说明重复使用该方法无法得到兔子，也就是没有积极效果，"实用性"成了问题，从而失去专利保护的基础。"守株待兔"的劳动可分解为躲藏与等待，但是由于劳动对象经常缺失，劳动一般无法产生新东西，导致"创造性"成了问题。考虑到躲藏与等待确实无须大量消耗能量，显著地节约了资源，构成实质性特征与进步，如果劳动对象经常性存在或能够产生新东西，则"创造性"没有问题。创造性是制约专利申请是否成功的关键，以"愚公移山"为例，主要劳动包括"叩石垦壤""荷担""箕畚运于渤海之尾"，很明显在当时没有开发新的劳动工具，也没有绕开劳动工具挖掘出山方法（如隧道或飞行），简言之，就是没有创造新的东西。

二、创造性的新要求

人类认知在技术领域飞速进步，早些年难以被多数人理解的概念，在当下已经成为公开的常识，这里的多数人不仅指一般技术人员，也包括专利代理师，更包括专利审查员。在陈旧的领域或不迫切的技术需求上下功夫，不仅浪费发明人资源，也会浪费审查资源，极有可能被质疑申请的创造性；伪劣的技术需求，或因为不符合行业发展方向被质疑创造性。将参与国际竞争的未来技术一般会比较迫切，也会受到鼓励与重视，而非跨学科的简单技术创造或因为莫须有的公知被质疑创造性。虽然没有公开资料证明该技术创造属于公知，但是如果包含审查员在内的一般人都能理解与复制，则不会被鼓励申请专利。国家自然科学基金委员会新设有交叉学科部，充分地说明学科交叉对未来发展的重要。由此，在有学科交叉的集成领域，如智能化与信息化对生活与生产的改造技术，则相对容易快速得到授权。技术到达天花板后则开始追求韧性，也就是复合场景的适应性。体现智慧的有韧性的技术也会得到鼓励与认可。

第二节　修改性意见答复陈述

审查员经过检索没有发现专利冲突的材料（主要是对比文

件），但会在做出授权决定前对一些错误进行必要的校正，他们有丰富的审查经验，乐意给出明确的修改性意见，以便快速沟通与结案。发明人对此应该充分地尊重与采纳，尤其是对于显而易见的建议应该毫无保留地采纳。答复陈述有相对固定的格式，对于修改性意见，要表达感谢之词，但不能以套路或假大空来敷衍对待，必须积极落实审查员的建设性修改意见。

下面给出两个案例。

一、户外帽子案例

（一）初始权利要求书

1. 一种户外的帽子，包括帽身（1）与加强型帽顶（2），其特征在于：帽子结构由加强型帽顶（2）与帽身（1）上下组合而成；加强型帽顶（2）内部中空并分为上下两层，下层为扁平状的大圆柱（3），上层为基部连通且顶部分离的指头状的若干小圆柱（4）；大圆柱（3）的侧面设置有开口（5）和塞子（6），可注入空气与液体。

2. 根据权利要求1所述的一种户外的帽子，其特征在于：所述的小圆柱（4），其中之一的顶端设置开口（5）与塞子（6），便于注入空气；同时充气后的小圆柱（4）可竖立。

3. 根据权利要求1所述的一种户外的帽子，其特征在于：所述的小圆柱（4）的表面设有粗糙微凸的柔毛（7）。

（二）第一次审查意见通知书

申请号：2015110113320

本申请涉及一种户外的帽子，经审查，现提出如下的审查意见。

1. 本发明专利申请的权利要求 1～3 与同一申请人提出的另一件已经被授权的专利号为 ZL201521119737.1（授权公告号为 CN205456331U）的实用新型的权利要求 1～3 属于同样的发明创造，而根据专利法第九条第一款的规定，同样的发明创造只能授予一项专利权，因此本申请的权利要求 1～3 不符合专利法第九条第一款的规定。

如果申请人在提交修改文件后，权利要求仍与专利号为 ZL201521119737.1 的实用新型专利的权利要求 1～3 属于同样的发明创造，则该发明专利申请不符合专利法第九条第一款的规定，将被驳回，除非申请人放弃 ZL201521119737.1 号专利权。若申请人同意放弃该专利权，请在提交意见陈述书的同时，作为该陈述书的附件一并提交《放弃专利权申明》，注明放弃的原因是为了避免不符合专利法第九条第一款的规定，造成与申请号为 201522011332.0 的发明专利申请重复授权。如果修改后的发明专利申请不存在其他不符合专利法及其实施细则规定的缺陷，审查员在收到上述所有文件后将发出授予发明专利权的通知书，并且通知申请人是否进行放弃专利权的程序，如果未进入放弃专利权的程序，则申请人声明放弃的专利权继续有效。

2. 说明书附图中使用的相同的附图标记应当表示同一组成部分，然而在本申请的说明书附图 1 中使用附图标记 5 分别表示了大圆柱 3 侧面和小圆柱 4 顶端的两个不同开口，使用附图标记 6 分别表示了大圆柱 3 侧面和小圆柱 4 顶端的两个不同塞子，因此说明书附图 1 不符合专利法实施细则第十八条第二款的规定。

申请人在修改说明书附图 1 中的附图标记时，应当注意同时修改权利要求以及说明书相应的附图标记。

申请人应在本通知书指定的答复期限内作出答复，对本通书中提出的所有问题逐一详细地作出说明，并根据本通知书的意见对专利申请文件作出修改，克服目前所存在的不符合专利法及专利法实施细则规定的缺陷。……

（三）意见陈述

申请人非常感谢审查员对本发明申请文件进行的耐心审查，并提出了宝贵的审查意见，申请人在仔细阅读和研究审查意见通知书中的审查意见后，做出如下答复：

修改说明：权利要求书中针对小圆柱（4），"其中之一的顶端设置开口（5）与塞子（6）"修改为"其中之一的顶端设置小开口（8）与小塞子（9）"。相应地说明书中关于小圆柱（4）出现的"开口（5）"与"塞子（6）"，均统一修订为"小开口（8）"与"小塞子（9）"，同时附图内标记也同步调整。

上述修改没有超出原说明书和权利要求书记载的范围，具体修改内容参见修改后的权利要求书、说明书和对应的修改对照页。敬请审查员在考虑了陈述意见后，能早日批准本申请为发明专利。

说明：本案中还包括提交放弃实用新型专利权的证明（附上具体的名称与申请号，并且申请人要盖章），具体本案大致如下：本申请人同意放弃"ZL201521119737.1 一种户外的帽子"实用新型专利权，湖北文理学院 2019.11.03。

二、地下蓄水方法案例

（一）初始权利要求书

1. 一种地下蓄水方法，其特征在于：

分下列步骤完成：

步骤一、准备工作：收集园林或市政环卫体系的落叶，并以其为主要材料加黏土与水，压缩成整体且不松散的饼块状，横竖叠放即得到败叶吸水体；收集枝干，把直径低于3cm的分段弯折为3~6节的多节棍状，混堆即得到短棒膨胀体，其余的枝干切割长为100~150cm，竖向捆扎即得到长棒支撑体；收集碎石或以砖石为主的建筑垃圾，以网袋包装后并柱状叠放即可成为骨料综合体；

步骤二、地下空间开挖：移开绿地的表土及其草皮，向地下空间开挖沟槽；

步骤三、地下蓄水体构造：对开挖后的地下空间划分段落，败叶吸水体与长棒支撑体和短棒膨胀体交错填充，骨料综合体位于上诉植物类填充体一侧；

步骤四、侧沟集散：在近骨料综合体处的近表层引出集散功能的浅水沟，不仅便于水分稀缺时蓄积水分也便于富余水分的蒸发排放；

步骤五、表土归位：把表土及其草皮搬移回来覆盖开挖回填的地表，骨料综合体处表层保持裸露便于渗透与标记位置。

2. 根据权利要求1所述的一种地下蓄水方法，其特征是：所述的步骤一中的败叶吸水体，松散落叶体积分数为95%~100%，黏土体积分数为0~3%，水分体积分数为0~2%。

3. 根据权利要求1所述的一种地下蓄水方法，其特征是：所述的步骤三中的划分段落，每个段落以近圆柱型为宜。

（二）第一次审查意见通知书

申请号：2016100924371

本申请涉及一种地下蓄水方法。经审查，现提出如下审查意见。

1. 权利要求 1 不符合专利法第 26 条第 4 款有关清楚的规定

权利要求 1 中记载了：步骤三、地下蓄水体构造：对开挖后的地下空间划分段落，败叶吸水体与长棒支撑体和短棒膨胀体交错填充，骨料综合体位于上诉植物类填充体一侧……其中出现了"上诉植物类填充体"，本领域技术人员不清楚其为何种填充体，从而导致权利要求 1 不清楚，不符合专利法第 26 条第 4 款有关清楚的规定。

根据权利要求书整体判断，此处应当为"上述植物类填充体"，申请人应当予以修改。并在，在说明书［0006］、［0012］段也出现了相同问题，申请人应当一并修改。

基于上述理由，本申请按照目前的文本还不能被授予专利权。如果申请人按照本通知书提出的审查意见对申请文件进行修改，克服所存在的缺陷，则本申请可望被授予专利权。

（三）意见陈述

申请人非常感谢审查员对本发明申请文件进行耐心的审查，并提出了宝贵的审查意见，申请人认可审查意见并做出如下答复：

将"骨料综合体位于上诉植物类填充体一侧"修改为"骨料综合体位于上述败叶吸水体、长棒支撑体和短棒膨胀体一侧"。

上述修改没有超出原说明书和权利要求书记载的范围，具体修改内容参见修改后的权利要求书、说明书和对应的修改对照页。

敬请审查员在考虑了陈述意见后，能早日批准本申请为发明专利。

第三节　原则性意见答复陈述

有些领域的发展已经比较充分，审查员在多数情况下都可以检索到相应的对比文件，并且对比文件应用的领域相同并且技术特征相近，一般会质疑专利的新颖性、实用性与创造性，其中多数情况下是质疑创造性。创造性的衡量是个原则性问题，多涉及定性的推断；不经过几个回合的交锋、修改与论证，很难达成授权的共识。要注意审查意见中的关键字段，包括否定字段"不符合"与"不成立"，以及过程性字段"对比文件公开了""区别技术特征""本领域技术人员""容易想到"等。必须挖掘实质性区别技术特征并论证构成显著性有益效果。

一、限高架案例

第一回合审查与答复（略）。

第二回合审查与答复（略）。

1. 第三回合审查与答复

（1）第三次审查意见通知书。

1. 权利要求 1~3 **不符合**专利法第二十二条第三款有关创造性的规定。

权利要求 1 要求保护一种限高架。**对比文件 1**（CN2019430210）公开了一种可溃式限高架，并具体公开了以下技术内容（略）：……。

该权利要求所要求保护的技术方案与对比文件 1 公开的内容相比，**区别技术特征为**：（1）碰杆通过定位摆动轴固定在限高立柱的顶端，限高立柱为 2~3 排，每排之间由间距地安装，碰杆的高度由前至后逐步降低；（2）限高立柱上方安装有碰杆摆动触及的报警器。基于上述区别技术特征，权利要求 1 实际要解决的技术问题是如何提高使限高架及时发出报警提示从而避免损害。

对于区别技术特征（1），对比文件 1 已经公开了横梁通过转向装置固定在立柱上部，横梁通过转向装置实施定位摆动，因此，在此教导下，**本领域技术人员容易想到**使碰杆通过定位摆动轴固定在限高立柱的顶端。

对于区别技术特征（2），对比文件 2（CN201993907U）公开了一种桥涵限高自动报警装置，具体公开了如下技术内容（略）。可见，在限高架上设置有预警装置并通过车辆刮碰到碰触板，接通电路，引发报警装置工作已被对比文件 2 公开，且其在对比文件 2 中的作用预期在本申请中的作用相同，都是为了使限高架更好地及时发出报警提示从而避免限高架和车辆造成损害，因此对比文件 2 给出了将该特征运用到对比文件 1 的技术启示，即本领域的技术人员有动机在限高架上安装碰杆摆动触及的报警器。

由此可见，在对比文件 1 的基础上结合对比文件 2 及本领域常规技术手段得出该权利要求所要求保护的技术方案对本领域技术人员来说是显而易见的。因此，该权利要求所要求保护的技术方案不具有突出的实质性特点和显著的进步，因而不具备创造性，不符合专利法第 22 条第 3 款的规定。

2. 权利要求 2 对权利要求 1 作了进一步限定。对比文件 2 还公开了（略）。因此，在其引用的权利要求 1 不具备创造性的情况下，该从属权利要求也不具备创造性，不符合专利法第 22 条第 3 款的规定。

3. 权利要求3对权利要求1做了进一步限定。对比文件2还公开了（略）。因此，在其引用的权利要求1不具备创造性的情况下，该从属权利要求也不具备创造性，不符合专利法第22条第3款的规定。

审查员认为：首先对比文件1中已经公开了横梁通过转向装置固定于限高立柱的上方，横梁通过转向装置实现定位摆动，当超高车辆经过限高门架时，车辆顶部撞击门架横梁，如果车辆质量较大、速度较高，碰撞力超过了设计荷载，则可溃式门架一味做溃装置处断开，两端横梁分别绕立柱旋转，从而碰撞力解除，同时横梁不会坠落地面，造成其他车辆的二次事故，有效地避免或减小限高架对超高车辆的二次破坏；其次，对比文件2已经公开了在限高架上设置有预警装置并通过车辆刮碰到碰触板，接通电路，引发报警装置工作，且其在对比文件2中的作用与其在本申请中的作用相同，都是为了使限高架更好地及时发出预警提示，因此对比文件2给出了将该特征运用到对比文件1的技术启示，在对比文件2的教导下，本领域的技术人员有动机在限高架上安装碰杆摆动触及的报警器，且为了便于司机更好地观察到报警器从而更好地起到警示作用，本领域技术人员容易想到将报警器设置在限高架的限高立柱上方；此外，对比文件2中是利用触碰板进行限高的，碰触板的底部为限高高度，桥涵警示灯是设置在限高架的顶部上方，警示语8、警示语照明灯7和报警电铃6设置在桥涵5上方，因而不会出现"移动的车辆会破坏自动报警装置，自动报警装置不能重复使用"的情况。综上所述，申请人关于创造性的理由不成立。

（2）第三次答复陈述。

申请人认真研读了第三次审查意见，申请人对审查员的审查意见进行了认真考虑，提出以下意见陈述：

一、文件修改

本次修改是在原始文件的基础上进行的修改（这个很重要，不能超出原始记载的范畴）。

将原权利要求 2 的技术特征加入到原权利要求 1 中，修改后的权利要求 1 如下：（陈述意见中的关键字段）

"一种限高架，包括预警装置的限高立柱（1），其特征在于：所述预警装置是两根可分别安装在道路两侧的限高立柱（1），在限高立柱（1）顶端设置有两根相对定位、可摆动的碰杆（2），限高立柱（1）上方安装有碰杆（2）摆动触及的报警器（4）；两根相对定位、可摆动的碰杆（2）通过定位摆动轴（3）固定在限高立柱（1）的顶端；所述两根碰杆（2）之间没有连接；所述定位摆动轴（3）使所述碰杆（2）静止时始终相对构成横向垂直设置，在车辆超高物体碰及所述碰杆（2）后，所述碰杆（2）随车行状态摆动并触及导通所述报警器（4）的开关。"

其中，新增技术特征"所述两根碰杆（2）之间没有连接；所述定位摆动轴（3）使所述碰杆（2）静止时始终相对构成横向垂直设置，在车辆超高物体碰及所述碰杆（2）后，所述碰杆（2）随车行状态摆动并触及导通所述报警器（4）的开关"的修改依据为本申请说明书第 0005 段"上述技术方案所涉及的两根相对定位、可摆动的碰杆通过定位摆动轴固定在限高立柱的顶端。定位摆动轴可让碰杆静止时始终相对构成横向垂直设置，在车辆超高物体碰及后能随车行状态摆动并触及导通报警器的开关"及说明书附图 1。

根据原申请文件的记载，以上修改未超出权利要求书和说明书记载的范围（这个很重要），因此符合专利法第三十三条的规定（这个比较重要，是法律依据）。

二、关于修改后的权利要求1的创造性

本申请人认为，**修改后的权利要求1具有创造性**，符合专利法第二十二条第三款关于创造性的规定，下面论述理由：（陈述中的关键字段）

1. 修改后的权利要求1具有突出的实质性特点

与本申请修改后的权利要求1相比，对比文件1未公开如下区别：

第一，碰杆通过定位摆动轴固定在限高立柱的顶端；

第二，所述两根碰杆之间没有连接；

第三，所述定位摆动轴使所述碰杆静止时始终相对构成横向垂直设置；

第四，在车辆超高物体碰及所述碰杆后，所述碰杆随车行状态摆动并触及导通所述报警器的开关。

以对比文件1为最接近的现有技术，本申请**修改后的权利要求1实际要解决的技术问题是**"提供一种能通过碰及发出报警提示，不会对车辆造成危害的限高架"。（陈述中的关键字段）

为解决上述技术问题，本申请修改后的权利要求1提供了一种限高架，包括预警装置的限高立柱，所述预警装置是两根可分别安装在道路两侧的限高立柱，在限高立柱顶端设置有两根相对定位、可摆动的碰杆，限高立柱上方安装有碰杆摆动触及的报警器；两根相对定位、可摆动的碰杆通过定位摆动轴固定在限高立柱的顶端；所述两根碰杆之间没有连接；所述定位摆动轴使所述碰杆静止时始终相对构成横向垂直设置，在车辆超高物体碰及所述碰杆后，所述碰杆随车行状态摆动并触及导通所述报警器的开关。因此，修改后的权利要求1请求保护的技术方案解决了上述技术问题。

审查员认为，**在对比文件 1 的基础上结合对比文件 2 以及常规技术手段得到本申请中的方案，对本领域技术人员来说是显而易见的。**对此，申请人持不同意见。（陈述意见中的关键字段，明确不接受的态度）

对比文件 1 和对比文件 2 中均没有公开本申请中的定位摆动轴这一技术特征，定位摆动轴的作用除安装碰杆外，还具有让碰杆静止时始终相对构成横向垂直设置的作用，对比文件 1 中的转向装置只是用于安装横梁，与本申请中的定位摆动轴作用不同，对比文件 2 中没有任何关于定位摆动轴或转向装置的记载，**因此，对比文件 1 和对比文件 2 对本申请中的定位摆动轴的设置不存在任何技术启示。**（陈述意见中的关键字段）

根据对比文件 1 说明书第［0015］段的记载可知，对比文件 1 中的限高门架，在车辆质量较低、车速较低的情况下直接拦阻车辆，在车辆质量较大、车速较高的情况下，由车辆破坏可溃装置，对比文件 1 中的这一技术特征会对车辆及限高门架造成破坏，而本申请中的方案则是在车辆超高物体碰及所述碰杆后，所述碰杆随车行状态摆动，消除碰撞力，不会危害车辆及限高架，因而，限高架上的碰杆被超高车辆碰及后，不需要道路维护人员对限高架进行维修，减少了维护人员的工作量，并且，对比文件 1 中的可溃装置设置在限高门架的中间部位，在限高门架使用时，可溃装置位于道路的中央，在维修人员更换可溃装置时，需要在道路中央进行作业，并需要举升器械，需要暂时封路，因此该过程成本高、阻碍道路通行且极其危险，而本申请修改后的权利要求 1 的方案，由于两根碰杆之间没有连接，且在车辆撞击后不会损坏，因此不需要维护人员在道路中央进行作业，也不需要举升设备，即使碰杆被撞坏，维护人员只需在路边通过攀爬设备爬上限高立柱即可更换作业，同样不需要维护人员在道路中央进行作业，不需要举升设备，不需要封路，因此本申请修改后的权利要求 1 的技术方案避免了上述问题，**因此，本申请修改后的权利要求 1 中的方案具有对比文件 1 不能达到的技术效果；**（陈述意见中的关键字段）

对比文件 2 中的方案在车辆超高一定范围时，车辆上的物体刮碰到碰触板，当车辆超高范围过大时，车辆上的物体依然会车碰到限高架，造成限高架和车辆的损坏，严重时限高架坠落，造成二次伤害，而本申请中的方案无论车辆超高多少，均不会损害车辆和限高架，不会造成限高架坠落，**因此，本申请中的方案具有对比文件 2 不能达到的技术效果；**（陈述意见中的关键字段）

本申请中的定位摆动轴具有让碰杆静止时始终相对构成横向垂直设置的作用，因而不需要在碰杆之间进行加固，从而使超高车辆能够在不受损害的情况下通过限高架，碰杆摆动的同时触及导通所述报警器的开关，报警器发出警报提示，使司机得到车辆超高提示，因此，**本申请中的方案具有在车辆和限高架均不受损害的情况下提示司机车辆超高的技术效果，这一技术效果是本领域技术人员不容易想到的。**（陈述意见中的关键字段）

对比文件 1 和对比文件 2 中均没有公开定位摆动轴和不会危害车辆，本领域技术人员从对比文件 1～2 中不容易想到这两个技术特征，更不容易想到这两个技术特征的相互关系及作用，也不容易想到这两个技术特征带来的意想不到的技术效果。本申请通过这两个技术特征的使用，达到了 1＋1＞2 的效果。

综上所述，对比文件 1～2 没有公开本申请中修改后的权利要求 1 的技术方案，对修改后的权利要求 1 的技术方案不存在技术启示，本申请修改后的权利要求 1 所采用的技术方案也不是常规技术手段，因此，必然不存在在对比文件 1 的基础上结合本领域的常规技术手段得到修改后的权利要求 1 的技术方案的启示，所以，**修改后的权利要求 1 对于本领域技术人员是非显而易见的，具有突出的实质性特点**。（陈述意见中的关键字段）

2. 修改后的权利要求 1 具有显著的进步

本申请修改后的权利要求 1 提供了一种限高架，能够在车辆和限高架均不受损害的情况下提示司机车辆超高。因此，修改后的权利要求 1 具有显著的进步。

综上所述，**修改后的权利要求 1 克服了审查意见中指出的缺陷，相对于对比文件具有突出的实质性特点和显著的进步，符合中国专利法第 22 条第 3 款关于创造性的规定**。（陈述意见中的关键字段）

三、关于权利要求 2～3 的创造性

权利要求 2～3 直接引用修改后的权利要求 1，因为修改后的权利要求 1 具有创造性，权利要求 2～3 也具有创造性，符合专利法第 22 条第 3 款关于创造性的规定。申请人相信，经过修改和上述意见陈述，已能克服审查员在第三次审查意见通知书中所指出的本申请所存在的缺陷并消除审查员对本申请所存在的疑虑。请审查员对申请人的上述意见陈述予以考虑，并望早日授予专利权。如果审查员认为本申请仍有不符合专利法规定之处，恳请再给一次陈述意见/修改/会晤的机会。

说明：针对审查员列出的对比文件与质疑，应该紧扣创造性的原则进行陈述，陈述中明确技术支撑与法律条文，同时继续肯定审查员，并引导审查员相信双方能达成共识。

2. 主动补正

提交陈述意见后，再主动与审查员沟通，其间提交补正书，最终专利获得授权，图 4 - 1 给出了主动补正权利要求书的修改对照页。

権 利 要 求 书

1、一种限高架，包括预警装置的限高立柱(1)，其特征在于：所述预警装置是两根可分别安装在道路两侧的限高立柱(1)，在限高立柱(1)顶端设置有两根相对定位、可摆动的碰杆(2)，限高立柱(1)上方安装有碰杆(2)摆动触及的报警器(4)；两根相对定位、可摆动的碰杆(2)通过定位摆动轴(3)固定在限高立柱(1)的顶端；所述两根碰杆(2)之间没有连接；所述定位摆动轴(3)使所述碰杆(2)静止时始终相对构成横向垂直设置，在车辆超高物体碰及所述碰杆(2)后，所述碰杆(2)随车行状态摆动并触及导通所述报警器(4)的开关。

2、根据权利要求 1 所述的一种限高架，其特征在于：所安装的报警器(4)设置有报警喇叭(5)。

3、根据权利要求 1 所述的一种限高架，其特征在于：所安装的报警器(4)设置有报警提示灯(6)。

图 4 - 1　主动补正权利要求书的修改对照页

补充说明：第二次与第三次意见陈述以及最后的主动补正，委托了北京高沃国际知识产权代理有限公司进行专业答复陈述。除了专利代理师的辅助，更离不开发明人对方案的坚定信念，那就是一定要有现有技术不具备的区别性关键核心特征。

二、道路冰层防滑垫案例

道路冰雪灾害的预防，既有组织行为的科研也有个人兴趣的研发，已经实施或公开的技术方案比较多。这类专利申请能否构成实质性创新，绕不开与对比文件或现有技术的比较；在比较论证中，需要分别确定差异性特征所要解决的具体技术问题以及达成的技术效果，再辅以巧妙的文字与图表呈现，并配合以专利法律法规据理力争。

第一次审查与答复（略）。

第二次审查与答复（略）。

1. 第三次审查与答复

（1）第三次审查意见

申请号：2013104895406

1. 权利要求 1 不符合专利法第 22 条第 3 款关于创造性的规定。

权利要求 1 请求保护一种冬季道路冰层防滑垫对比文件 2（CN201021083Y，参见说明书第 3、6、7 页，图 1~10）涉及一种雪地防滑帘片，由螺旋体并行交连组成，在帘两侧的螺旋体内穿入紧固索，多片防滑帘片由金属丝串结，相邻两个单片帘螺旋体旋向相反。触地点为每个螺旋的一段圆弧，可安装在车辆轮胎、自行车轮胎以及步行鞋部。权利要求 1 与对比文件 2 的区别在于：本申请是冰层防滑垫，在横纵线网上串装有多个拉伸弹簧，纵向串装塔型拉伸弹簧，横向串装线性拉伸弹簧，并间隔布置。受压时，塔型拉伸弹簧向直径增大的方向展伸，线性拉伸弹簧向两端展伸，从而在冰层上形成一个分布均匀的整体拉伸，以撕裂整体冰面。基于上述区别，权利要求 1 相对于对比文件 2 实际解决的技术问题是使所有路过的车辆、行人都能享受防滑的效果。

对比文件 2 提供了一种弹簧串结的防滑帘片，安装在轮胎或鞋底来实现防滑，防滑的主体都得安装防滑帘片，需要较多的资源。本领域技术人员为实现在有限的资源下让需要防滑的主体都享受到防滑帘带来的防滑效果，则不难想到设置防滑垫于打滑的硬雪或冰层上。具体地将横纵线网分别间隔串装线性拉伸弹簧和塔型拉伸弹簧是一种常规选择。则客观可以起到碾压下弹簧刺入硬雪或冰层并产生伸缩变形破坏硬雪或冰层的效果。因此在对比文件 2 的基础上综合本领域的常规选择得到权利要求 1 请求保护的技术方案对本领域技术人员来说是显而易见的，该权利要求不具备突出的实质性特点，不具备创造性。

2. 答复意见陈述。

申请人认为：（1）领域：本申请中的防滑垫适用于冰层，对比文件 2 中的防滑帘适用于雪地；（2）结构与效果：本申请的弹簧是活动式串装在网丝上的，弹簧包括塔型拉伸弹簧和线性拉伸弹簧两种，其中塔型拉伸弹簧和线性拉伸弹簧分别间隔设置在纵向网丝和横向网丝上，以在冰层上产生离散分布式应力集中并且形成分布均匀的整体拉伸，方便撕裂整体冰面。对比文件 2 中的"弹簧"为网线本身螺旋形成等直径弹簧状螺旋体，不存在串装且只包括一种"线性拉伸弹簧"，螺旋体弹簧沿着网线的整个长度（并非间隔设置）方向形成，以在雪地上形成较多触地点，避免损伤地面及轮胎，增强对雪层的握着力。

审查员认为：（1）在生活中防滑垫、防滑链既可以在冰面上使用，又可以在硬雪路面上使用，虽然对比文件 2 只记载了其用于雪地防滑，但本领域技术人员不难想到带有弹簧的防滑帘也可在冰面上防滑使用。（2）对结构而言，对比文件 2 的各个防滑帘片之间为串装，如图所示，每个帘片的弹簧交织成网。可以确定在碾压时，帘片的各弹簧会在压力下产生微量的拉伸变形，并刺入冰层或雪层。弹簧是否串在网丝上不影响其变形，且将弹簧串在网丝上也不难想到，如 JPH04345508A、CN1623810A 的弹簧也都是串在网丝上。至于增设塔型拉伸弹簧并与线性拉伸弹簧分别间隔设置是本领域技术人做出的常规变形，并不具有预料不到的技术效果。

基于上述理由，本申请的全部权利要求都不具备创造性，说明书中也没有可以被授予专利权的实质性内容，如果申请人不能在本通知书规定的答复期限内提出表明本申请具备创造性的充分理由，本申请将被驳回。

（2）第三次陈述。

一、修改说明

针对审查员指出的问题，申请人对独立权利要求 1 进行了修改，在原独立权利要求 1 中加入了如下技术特征：线网（1）由多根纵向网线（4）和多根横向网丝（5）制成，多根纵向网线（4）和多根横向网丝（5）交织形成多个方形网格。上述增加的内容可根据说明书第 10～11 段记载的内容及附图 1 毫无疑义地得出，因此上述修改未超出说明书和权利要求书原始公开的范围，具体修改的内容请参见权利要求书修改对照页和替换页。

补充说明：专利代理师对权利要求修改很重要，因为前两次陈述已经反映出审查员不接受的态度，如不对权利要求做实质补充，很难反驳审查员；如果做了权利修改，也要说明修改未超出原始范围。

二、修改后的权利要求 1 的创造性论述

1. 修改后的权利要求 1 与对比文件 2 的区别技术特征

对比文件 2 为本申请最接近的现有技术，修改后的权利要求 1 与对比文件 2 相比至少具有以下区别：纵向网线间隔串装有多个塔形拉伸弹簧，横向网丝间隔串装有多个线性拉伸弹簧，纵向网线和横向网丝组成的方形网格可对间隔串装的线性拉伸弹簧和塔形拉伸弹簧进行限位，受压时，塔形拉伸弹簧可向直径增大的方向展伸，线性拉伸弹簧可向两端展伸，从而在冰层上形成一个分布均匀的整体拉伸，以撕裂整体冰面。

由此，本申请实际解决的技术问题是：提供一种适用于冰层上且结构简易便于维护的防滑垫，防滑垫上的拉伸弹簧具有灵活的活动范围和可定制的伸展方向，使防滑垫可在冰层上产生离散式应力集中，并且形成一个分布均匀的整体拉伸，以利于撕裂整体冰面。

2. 上述区别技术特征未被其他对比文件所公开

本申请与审查员引用的对比文件 CN1623810A 的区别具体对比见表 4 - 1。

表 4 - 1　本申请与对比文件的区别

本申请	CN1623810A
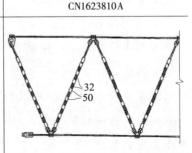	
区别：（1）包括间隔串装的线性拉伸弹簧和塔形拉伸弹簧**两种**。（2）纵向网线和横向网丝组成的方形网格中，**无弹簧的区段与有弹簧的区段形成凹凸的不平整结构，可增强对冰层的破坏力。方形网格易于自由变形，撕裂冰层**	区别：（1）弹簧32只为**线性拉伸弹簧**。（2）线性拉伸弹簧与等直径的复合件50交替设置形成平整的结构。网格呈三角形排布，三角形网格适于提供稳定的约束以固定到轮胎上，其破坏冰层能力弱
效果：结构简单，制造成本低，当一个或局部单元格损坏后可方便维修和保养	效果：结构复杂，组件繁多，制造成本高，当局部损坏后不利于维修

对比文件 CN1623810A 未公开本申请的区别特征：

本申请的防滑垫包括由多条纵向网丝和横向网丝连接形成的**方形网格**，纵向网丝上活动地串装有塔形拉伸弹簧，横向网丝上活动地串装有线性拉伸弹簧，受压时，塔形拉伸弹簧可向直径增大的方向展伸，线性拉伸弹簧可向两端展伸，两种弹簧配合可提供定制的伸展方向，有利于车辆的稳定。**纵向网线上的塔形拉伸弹簧每间隔一个网格串装，横向网丝上的线性拉伸弹簧每间隔一个网格串装，网格中无弹簧的区段与有弹簧的区段形成凹凸的不平整结构，可增强对冰层的破坏力。在外力作用下，纵向网线和横向网丝组成的方形网格具有更强的变形能力且易于撕裂冰层。**此外，方形网格可对间隔串装的线性拉伸弹簧和塔形拉伸弹簧进行限位，离散间隔设置的拉伸弹簧容易在局部区域产生应力集中，更有利于撕裂整体冰面。

对比文件 CN1623810A 的技术目的：对比文件 CN1623810A 说明书第 4 段公开了：**提供一种在轮胎的内侧和外侧都固定的防滑链**，其能适应较小的间隙但不会牺牲防滑链的强度和完整性。技术方案差异：对比文件 CN1623810A 中，弹簧部段 32 设置在缆索芯上并且通过复合件 50 间隔，缆索芯组成的网格呈三角形排布，弹簧部段 32 和复合件 50 的尺寸相当且较小，对比文件 CN1623810A 并未明确指出复合件 50 的作用，但复合件 50 的限位作用与本申请有较大区别，交替设置的多个弹簧部段 32 和复合件 50 不利于弹簧部段 32 的移动。对比文件 CN1623810A 中的缆索网结构复杂，当缆索网发生局部损坏时，不利于维修和更换。

基于上述内容可知：虽然对比文件 CN1623810A 中公开了具

有串装弹簧部段的缆索网结构，**但弹簧部段均为线性弹簧，并不包括塔型弹簧，弹簧部段与复合件交替设置未能形成凹凸的不平整结构，缆索网的网格呈三角形排布，在外力作用下，三角形网格本身结构稳定约束强，可牢固地固定在轮胎上，因而变形能力差破坏性能弱。**

相反，本申请中将防滑帘设置成纵向网线和横向网丝围成的方形网格状，多个塔形拉伸弹簧均沿纵向网线间隔串装，多个线性拉伸弹簧均沿横向网丝间隔串装，网格中无弹簧的区段与弹簧形成凹凸的不平整结构，可增强对冰层的破坏力。此外，纵向网线和横向网丝组成的网格还可对间隔串装的线性拉伸弹簧和塔形拉伸弹簧进行限位。

因此，**虽然对比文件 CN1623810A 中存在串装弹簧的启示，但并未公开本申请的具体串装结构，也未公开采用两种弹簧，对比文件 CN1623810A 中弹簧部段的排布方式和结构形式均与本申请的凹凸结构和方形布局不同，对比文件 CN1623810A 未公开上述区别特征也不存在相应的启示，并且上述区别也不是本领域的常规设置方式。**

综上，上述对比文件并未公开上述区别技术特征，也没有给出相应的技术启示，而且上述区别特征也不是本领域的公知常识，本领域技术人员在结合上述对比文件的基础上也不能得到本申请的技术方案。因此，本申请的修改后的权利要求 1 中的技术方案是非显而易见的，具有突出的实质性特点。

3. 上述区别技术特征的作用及有益效果

本申请公开了一种适用于冰层上的防滑垫，其中串装在纵向网线上的塔形拉伸弹簧可向直径增大的方向伸展，串装在横向网丝上的线性拉伸弹簧可向两侧伸展，塔形拉伸弹簧和线性拉伸弹簧每间隔一个网格串装，从而达到可在冰层上产生离散式应力集中且形成分布均匀的整体拉伸，更有利于撕裂整体冰面的总体效果，当碾压串装弹簧的局部区域时，串装的弹簧可自由伸展进而撕裂冰面。串装拉伸弹簧形成的防滑垫具有结构简单，制造简易、维修方便的特点，塔形拉伸弹簧的伸展方向确定，从而使得防滑垫的伸展方向可预先定制。因此，本申请修改后的权利要求1中的技术方案取得了有益的技术效果，具有显著的进步。

4. 针对审查员在通知书中的答复意见，申请人希望做如下意见陈述

本申请与对比文件2的区别技术特征具体对比如下：

（1）应用领域：

本申请修改后的权利要求1的主题名称、发明名称以及说明书内容均明确限定了一种**冬季道路冰层防滑垫**，本申请的技术方案针对冰面应用环境设计，可在冰层上产生离散式应力集中，并且形成一个分布均匀的整体拉伸，以利于撕裂整体冰面。

对比文件2涉及一种**雪地防滑帘**，对比文件2说明书第9段明确公开"**防滑设施的触地点为每个螺旋的一段圆弧，触地点多，对地面及轮胎损伤小，对雪层有很强的抓着力，有效防止轮胎纵向、侧向打滑**"，其具体应用领域和要解决的技术问题与本申请都不同，因而设计理念存在偏差。

应注意的是，虽然审查员在审查意见中指出对比文件2的雪地防滑帘也可应用于冰层，不间隔串装也不影响弹簧变形。然而申请人希望指出，对比文件2的雪地防滑帘虽然可用于冰层，**但并不能解决本申请要解决的技术问题，不能获得本申请的冰层防滑垫所具备的效果**。对比文件2中的雪地防滑帘提供的抓着力对雪地来说是足够的，且要求不损坏地面和轮胎。由于冰层与地面

黏结成为整体，当对比文件 2 的防滑帘应用到冰层时抓着力显然是不够的，而不破坏冰层便不能获得冰面防滑效果。

（2）具体结构：

本申请的防滑垫的结构：弹簧是活动式串装在网丝上的，弹簧包括塔形拉伸弹簧和线性拉伸弹簧两种，其中塔形拉伸弹簧和线性拉伸弹簧分别间隔设置在纵向网线和横向网丝上，以在冰层上产生离散分布式应力集中并且形成分布均匀的整体拉伸，方便撕裂整体冰面。

对比文件 2 的防滑帘的结构："弹簧"为网线本身螺旋形成等直径弹簧状螺旋体，螺旋体的具有相同螺距、螺径以及旋向，不存在串装且只包括一种"线性拉伸弹簧"，螺旋体弹簧沿着网线的整个长度（并非间隔设置）方向形成，以在雪地上形成较多触地点，避免损伤地面及轮胎，增强对雪层的握着力。

综上所述，申请人认为修改后的权利要求 1 具有了创造性，克服了原申请中存在的缺陷，符合了专利法的第 22 条第 3 款的规定，因此，敬请贵审查员依法早日授予本申请专利权。如审查员认为本次答复还有不妥或欠周之处，恳请审查员给予申请人再次答复的机会。

补充说明： 第二次与第三次陈述均委托北京慧智兴达知识产权代理有限公司负责。无论是北京高沃负责陈述"一种限高架"，还是慧智兴达负责陈述"冬季道路冰层防滑垫"，均是专业人做专业事，不仅陈述的技巧掌握得比较好，而且文字沟通能力强，能够突出重点，图文并茂地对比呈现。但在陈述期间也不可做"甩手掌柜"，全部地交给专利代理师进行包装，而一定要做好与专利代理师之间良好的沟通。对技术拥有信心是必要的。坚持修改权利要求与陈述意见，直至自己放弃或被审查员做出驳回决定。图4－2示出了"冬季道路冰层防滑垫"实质审查阶段的互动过程。

图4－2　实质审查阶段的互动

第四节　答复陈述技巧

一、陈述工作步骤

　　专利陈述是基于对专利技术的深刻理解、与对比文件的深入比较，并结合专利知识而进行的。与专利代理师相比，绝大部分人都没有经过系统的专利法律知识培养，在自主的陈述意见上有些不足在所难免，但尝试陈述意见初稿、校核陈述意见或提供陈述建议是可取的。

　　陈述的准备过程大致如下。步骤1：仔细阅读审查员的审查意见（打印出来多看几遍）；步骤2：仔细查阅本案申请与对比文件（精读以识别差异点与相似点）；步骤3：明确最接近的现有技术与区别技术特征（有的放矢，重点突破）；步骤4：审阅实际解决的技术领域、技术问题与技术效果的差异；步骤5：或适当修改权利要求且不超出说明书范围；步骤6：明确审查员的质疑点，逐条针对性地辩驳并给出结论。如同申请文件关键格式化字段一样，在陈述意见的定性下结论部分要突出关键格式化特征字段（不可或缺），如"本领域技术人员不具备创造能力""对比文件没有给出解决上述问题的启示""技术方案完全不同""技术效果不同""结合本领域公知无法得到本申请权利要求保护的技术方案"以及总结性的话语"对本领域的技术人员来说是非显而易见的，具有突出的实质性特点和显著的进步"。

二、陈述工作原则

　　第一点，充分尊重审查员的意见。对审查员的质疑，要充分接受其肯定的部分，有针对性地就质疑与对比文件的区别特征进行解释。不要一拿到审查意见，就怀疑审查员的判断水平，尊重劳动付出是第一位的，然后再摆事实、讲道理地据理力争。在陈述意见中，更不宜流露出对审查员正常判断能力的怀疑。切记，不可意气用事地在意见陈述中轻视审查员的能力，要尊重，要心平气和地摆事实、讲道理。

　　第二点，如果被质疑新颖性，必须仔细阅读对比文件的说明书记载的内容是否与本申请实质相同，找出差异。当从属权利要求具备新颖性，能够回应审查员对权利要求新颖性的质疑时，可直接合并从属权利要求至主权利要求。

对于每一篇对比文件都要找出至少一个区别技术特征，以便有力地反驳质疑。如果以对比文件与公知的结合质疑所要求保护的权利要求，要提出证据"并不是显而易见"。如果被质疑权利要求保护范围过宽，必须根据说明书记载的范围进行修订；如果说明书中也没有记载，直接删除权利要求中被质疑的内容即可。简单地说，就是缩小保护范围以便获得专利授权。如果被质疑技术方案不是一个清楚完整的且本领域技术人员可实现的方案，必须清楚地陈述说明书中哪个字段有详尽的记载，当然也可用清晰的附图进行必要的推理佐证；同步根据审查意见与说明书修改权利要求书，使之清晰与完整。如果被质疑创造性，一定要深入挖掘本申请与对比文件的技术领域、区别的技术特征与突出的技术效果，若与对比文件有实质差别，就可以从容应对。

第三点，根据《专利法》及其实施细则找依据。答复陈述除尊重审查员意见进行主动修改外，更离不开"摆事实、讲道理"，其中事实主要是专利技术层面，道理主要是法律条文层面。在拿到审查意见后，不仅要仔细阅读与分析，最为重要的技巧之一就是积极主动地与审查员进行电话沟通或登门面对面沟通（审查意见后面留有联系人及其联系方式），甚至带上实物（模型）进行解释，这将有助于实质审查效率的提高。有些时候，审查员因不能正确理解技术术语，就会认定"对所属技术领域的技术人员来说，该手段是含糊不清的"，这个时候与审查员电话甚至书面沟通就非常必要，毕竟审查意见通知书是审查员根据自身的理解独立下达的。例如，在限高架的陈述案例中，专利代理师就引用了《专利审查指南》第二部分第四章的规定："如果要素关系的改变导致发明产生了预料不到的技术效果，则发明具备突出的实质性特点和显著的进步，具备创造性"。而要素关系改变的发明，是指发明与现有技术相比，其形状、尺寸、比例、位置及作用关系等发生了变化；同时专利代理师据此规定指出：如果只是拆分成不同的部分，并且仅仅由于这些部分都属于公知的内容，就认为没有对公知的系统结构带来任何技术上的改进，而忽略了各个部分之间存在的特定关系和作用，是不恰当的。

第四点，勇于放弃被审查员多次质疑的申请。审查员检索到与创新内容相抵触的相似文件并进行比对后，往往会质疑本申请的创造性与新颖性。一般情况下，可以打电话向审查员陈述"应用领域的不同、技术特征的不同、技术效果的不同"，并征询审查员的理解与改进建议。如果审查员对发明人的沟通意见不置可否，而发明人又没有新的证据补充，继续反复地答复只会浪费双方的时间。例如，发明人在收到申请"一种节水栽培装置"（申请号：201610092438.6）的审查意见后，主动与审查员进行了沟通，最终没能取得审查员的理解；虽然进行了陈述，但是审查员对创造性的质疑并没有改变，为此发明人主动放弃了进一步陈述。除此之外，对于同一技术领域尤其是同一个具体的技术问题，当采用整合两三个公开资料（如专利或论文）或公知常识进行创新时，多少有简单堆砌的嫌疑，会从技术启示的角度被质疑缺乏创造性。当然如果发明人对创造性坚信不疑的，在拿到驳回通知后也可积极地发出复审请求，毕竟审查员只是基于检索与个人理解，且不同审查员的理解是有差异的。

第五点，主动补充完善后再提交申请。有些时候，说明书的描述在发明人看来已经很清晰了，但是如果不加以解释，可能导致审查员看不明白，但无论是补正还是答复陈述，为了描述得更加清晰，有可能被认为超出说明书记载的范围。对于此种情况，在有效时间内主动地撤回申请，然后再次提交申请是一个有效的办法，只是这样会浪费了申请费用，也有可能失去先机。一般而言，申请人向专利局提出专利申请后，在申请的专利权批准之前，申请人随时可以撤回专利申请，所以对于没有公开的申请文件进行必要的完善再提交是有意义的。根据规定，实用新型和外观设计专利申请，只允许在申请日起两个月内提出主动修改；发明专利申请，只允许在提出实审请求时和收到专利局发出的发明专利申请进入实质审查阶段通知书之日起三个月内对专利申请文件提出主动修改。对于不超出说明书记载范围的浅显的错误可以主动补正，而不需要撤回。

第六点，委托代理辅助提高。专利代理师相对专业（至少在官方术语的运用中），能够更加全面地就事论事，从专利法律知识角度反驳审查员，包括技术领域、技术特征以及应用效果等方面。相信专利代理师，主要就是相信其据法理力争的能力，而技术内容还得依靠发明人自己，需要发明人主动提供对本案技术的理解及其与对比文件的差异。发明人要有担当，主动参与陈述，不可全然托付专利代理师当甩手掌柜，也应该在专利代理师与审查员的互动中，学习专利代理师的陈述思路与技巧，发现自身缺陷，不断地提高自主陈述的水平。

三、专利代理师与发明人陈述比较

以堆场径流与渗滤液分流装置的陈述为例，审查意见通知书表明有杠杆式雨水收集器与本专利相近。发明人下载了对比文件并逐条分析了区别的技术特征与技术效果的差异。在交给专利代理师后，专利代理师又明确了两个专利在技术领域与技术问题上的不同，还把区别技术特征的理论基础整理得更加透彻，不仅如此，还就审查员关于本领域技术人员的创造性进行了合理陈述。

（一）发明人的陈述初稿

本申请独立权利要求 1 所述的技术方案与对比文件 1 相比存在如下区别技术特征：（省略叙述）。从而确定上述区别技术特征所要解决的技术问题在于：如何让前期有污染的初雨、后期有污染的渗滤液与中间阶段的主要地表径流进行雨污分流。

区别（1）：对比文件 1 的杠杆分流槽上采用绳索与滑轮悬吊有污水收集罐，目的与功能是借助污水与罐体的自重改变杠杆分流槽的倾斜方向，但是本申请的跷跷板式仓槽与其上方的主汇水渠及其下方的外排水渠均没有通过媒介进行联系与接触，只有相互间垂直落差构成的跌水，目的与功能是借助主汇水渠径流冲击力改变跷跷板式仓槽的倾斜方向；也就是利用静态重力与动态冲击力的工作原理的差异。

区别（2）：对比文件 1 的"污水收集罐"有自动排空的小孔，本申请的积液池无排空装置，这导致对比文件 1 的"污水收集罐"在收纳初雨的同时也同步排放初雨，但是本申请在收纳有污染的初雨时不向外排放。进一步地，对比文件 1 在汇入流量与排出流量相等的持续小雨状态的小流量时，流入污水收集罐同步排空完毕，污水收集罐内没有积存，没有显著增加重量也就无法导致杠杆分流槽改变方向，杠杆分流槽内始终有水流入污水收集罐但是储水容器内无雨水，无法完成分流目的并且浪费掉后续干净的雨水；但是在持续小雨状态的小流量时，场地径流以混杂的初雨、渗滤液与新鲜雨水的污水为主，本申请"有孔渗透槽"提前截留主汇水渠垂直改变方向至下方的跷跷板式仓槽进而进入下方的积液池，持续性收集而不排空。

区别（3）：对比文件1"当雨停止后"，污水收集罐借助小孔自动排空，杠杆分流槽回复到初始位置，此时杠杆分流槽内无雨水，自然也就没有水分流入污水收集罐；但是本申请在雨停止后，由于渗滤液存在，状态处于"径流排放后期"，只不过"流量小"导致冲击力小无法压下跷跷板，跷跷板式仓槽回复到初始位置并且内有渗滤液这个流量小的径流，同时渗滤液进入积液池。

区别（4）：对比文件1"随着污水收集罐的重力增加"，绳索将抬升原来的低端并改变杠杆分流槽倾斜方向，即自第一次调整杠杆倾斜方向起，"污水"不再有并且后续都是"清洁雨水"，注意到"清洁雨水"流入"储水容器"的同时，"污水收集罐"正在自动排空并逐渐降低重力，杠杆倾斜方向会再次发生改变并回复到初始位置，"清洁雨水"不再流入"储水容器"而是注入"污水收集罐"中；如此往复地改变倾斜方向直到无水，可以发现，"清洁雨水"依次交替注入"储水容器"与"污水收集罐"内。但是本申请由积液池先收集初雨径流，待主要地表径流流量增大改变跷跷板倾斜方向后，一直毫无反复地保持倾斜方向保障主要地表径流的外排直到流量减小冲击力无法克服重力才回复初始位置，并最后收集后期的渗滤液；这个过程本申请的跷跷板不是往复改变而是只有一个倾斜状态，同时流量大的相对洁净的主要地表径流也不是交替地在积液池与外排水渠间转换。

综上所述，独立权利要求1相对于对比文件1以及公知常识结合，都具有突出的实质性特点和显著的进步，符合A22.3关于创造性的规定。

（二）专利代理师的陈述定稿

独立权利要求 1 所述的技术方案与对比文件 1 相比的区别技术特征是：（省略叙述）。该区别技术特征所要解决的技术问题在于：如何实现小流量初雨/渗滤液/后期地表径流与大流量中期地表径流分流，以减少危害溶液的量、降低处置难度。

对比文件 1 公开了一种杠杆式雨水收集器，（省略叙述）。可见，对比文件 1 所要解决的技术问题是：如何实现初期带污染物雨水与后期清洁雨水的分流。

经对比分析可知，不论是本申请所采用的技术方案还是其所要解决的技术问题，均与对比文件 1 存在明显差别，具体陈述如下：

本申请适用于磷石膏堆场，降雨时，雨水会渗入磷石膏堆场内部，与堆场内部水分混合，从而滋生更多的渗滤液，增加了危害溶液量及处理难度。针对该技术问题，申请人认真分析了中期地表径流、渗滤液、初雨及后期地表径流与大流量中期地表径流分流的不同：渗滤液是磷石膏湿法堆存的水分，会持续缓慢渗出，其与初雨均可以归为含有较多污染物的危害溶液，应集中收集处理；后期地表径流虽清洁度相对较高，但其与渗滤液、初雨均为小流量水流，与渗滤液、初雨一同排放不会明显增加危害溶液量；而中期地表径流则以中期降雨为主，清洁度相对较高，流量较大。若能够将大流量中期地表径流与小流量渗滤液/初雨/后期地表径流进行分流，则能够显著减少危害溶液的产生，降低处理难度。基于该技术构思，本申请提出了一种堆场径流与渗滤液分流装置，利用主汇水渠中水流的冲击力驱动跷跷板式仓槽（以下简称仓槽），仓槽能够根据主汇水渠的流量自适应翻转，结构十分简单。而对比文件 1 提供的杠杆式雨水收集器，适用于屋顶上流下的带污染物的初雨与中后期清洁雨水的分流，不涉及渗滤液，也无须考虑不同时段水流量的问题。在对比文件 1 中杠杆分流槽是通过连接污水收集罐的绳索传导的水与罐体的自重来驱动的，其驱动原理与本申请中仓槽的水流冲击力驱动原理明显不同，其结构相对本申请较为复杂且不能够根据汇水流量自适应翻转。

基于对比文件 1 中杠杆分流槽与本申请中仓槽的驱动原理不同，进一步导致对比文件 1 所提供的技术方案无法解决本申请所要解决的技术问题，分析如下：

对于本申请，在无降雨时段、降雨初期及降雨后期，不论是持续渗出的小流量渗滤液、还是初雨及后期地表径流冲击力均明显不足，不足以使仓槽翻转，渗滤液/初雨/后期地表径流将通过有孔渗透槽注入仓槽，经仓槽导向流入积液池；在降雨中期，降雨量增加，地表径流流量增加，有孔渗透槽无法及时对地表径流进行分流，使得大量地表径流流向出水口、冲击仓槽的翘起端，使得仓槽翻转，此时，从有孔渗透槽流出的水流将连同大量地表径流一起流向调蓄池。可见，本申请所提供的技术方案不仅能够实现带有污染物的初雨与地表径流的分流，且能够实现小流量后期地表径流、持续渗出的渗滤液与大流量中期地表径流的分流。

而对于对比文件 1，在降雨初期，污水收集罐中水量较少不足以使杠杆分流槽翻转，带有污染物的初雨会被导入污水收集罐；随着污水收集罐中的水量增加，污水收集罐（含内部雨水）的重力增加，直至能克服杠杆分流槽自身重力的影响，促使杠杆分流槽发生翻转，此后雨水将被导入储水容器，至此即完成了初雨与清洁雨水的分流。但需要注意的是，在对比文件 1 中污水收集罐底部开设小孔，污水收集罐中所收集的雨水会逐步排空，当污水收集罐（含内部雨水）的重力无法克服杠杆分流槽自身重力影响时，杠杆分流槽将重新翻转至初始状态，那么此后降落的清洁雨水将会到被导流至污水收集罐，直至污水收集罐的重力再次克服杠杆分流槽自身重力的影响，杠杆分流槽再次翻转，如此交替翻转，将导致部分中后期清洁雨水无法被有效收集利用；且更为严重的是，将对比文件1所提供的收集器应用于磷石膏堆场，如遇降雨骤停，污水收集罐中的污水未能及时排出，杠杆分流槽倾斜至储水容器一侧，那么渗滤液将被导入储有清洁雨水的储水容器，造成储水容器中的清洁雨水被污染。因此，对比文件1虽能解决初雨与部分中后期清洁雨水的分流，但并不能有效解决本申请中渗滤液与堆场地表径流的分流。同时最接近现有技术对比文件1其他地方也没有披露解决该技术问题的区别技术特征，即没有解决此技术问题的启示。

本领域技术人员不具备创造能力，在没有任何证据佐证的前提下，将上述区别技术归结为本领域的常规技术选择不具有说服力。因此，申请人认为：利用上述区别技术特征解决上述技术问题是申请人付出创造性劳动获得的成果，不是本领域技术人员解决该技术问题的公知常用手段或常规技术选择，对本领域的技术人员来说是非显而易见的，具有突出的实质性特点和显著的进步。

第五章　自主专利申请的常见错误

专利申请文本有固定格式，以便于记载、审查、传播与交流。在文本写作过程中，很多发明人会犯同样的错误。这主要是源于对《专利法》与《专利法实施细则》的学习与实践不到位。事实上，大多数发明人在进行专利技术交底前，没有概略地学习《专利法》及其实施细则，更别说系统地学习专利法律知识了，也有因保护的需要而没有公开必要的核心技术特征，导致描述不够清楚。在借鉴类似专利申请与比较模仿的基础上，多一些检查复核，可以少一些错误，提高专利申请文本的正确性。

第一节　权利要求问题

一、整体性

权利要求必须从整体上反映完整的技术方案，所保护的范围是权利要求所记载全部内容的一个整体，每一项权利要求只能在其结尾处使用句号。有多项权利要求的，用阿拉伯数字按顺序编号。通常一项权利要求借助标点符号，用一个自然段表示；内容较多时，也可分行分段表示。以"一种土壤坡面排水方法"（申请号：201810574727.9）为例，原权利要求 1 记载了"步骤 5　在排水沟中下部的边壁间隔设置有竹排或木棍叠合而成的支挡，且采用活体柳条固定。步骤 6　在上部排水沟与溢流沟内铺设并固定网状塑料编织袋，在中下部排水沟内铺设并固定土工格栅，并且间隔地采用长 10～20cm 竹钉或木桩齐平沟底加密固定。"审查员发出的审查意见指出，"权利要求 1 出现了多个句号，应该把步骤 5 与步骤 6 之间的那个句号更改为分号"。

二、主题名称模糊

权利要求书的主题名称与发明创造的名称不是一个概念，发明创造的名称可以包括主题名称。主题名称出现在权利要求书的前序和引用部分，而发明创造的名称出现在说明书第一行居中位置。如某发明名称为"自动驾驶车辆诱导系统及方法"，权利要求书由 2 个独立权利与若干从属权利构成。其中独立权利要求分别为"1．一种自动驾驶车辆诱导系统，其特征在于：……"、"6．一种自动驾驶车辆诱导方法，其特征在于：……"。显然，权利要求的主题名称必须清楚地在产品权利要求（自动驾驶车辆诱导系统）和方法权利要求（自动驾驶车辆诱导方法）中进行唯一性选择，不能既包含产品又包含方法。又如，名称为"一种数据通信方法及其系统"发明在名称上没有问题，但在权利要求书中必须将 2 个独立权利要求分别明确为"一种数据通信方法，其特征在于……"与"一种数据通信系统，其特征在于……"，绝不能写为"一种数据通信方法及其系统"。因此，在权利要求书中，可能是产品也可能是方法的"方案"或"设计"最好不要作为主题名称。

三、权利要求不确定

权利要求所保护的内容必须是清晰确定的，不是模糊或模棱两可的。以"一种粉尘吸附装置"（申请号：201520274389.9）为例，其原权利要求书中权利要求 1 如下："一种粉尘吸附装置，包括固定支架（1），筒状水箱（2），载体板（3），苔藓（10）等；其特征在于：所述的固定支架（1）为门型，通过顶部横梁（5）与底部横梁（6）固定，顶部横梁（5）呈凹槽状且槽底带孔洞，托举筒状水箱（2）并且方便水分滴灌，底部横梁（6）呈浅盒状，容纳积水槽（9）；所述的筒状水箱（2）在侧端近箱周开注水口并配有较小出水孔（8）的水塞（7）；……。"

审查员初步审查后指出该专利申请存在如下缺陷：权利要求 1 中的"等"是不确定用语，导致该权利要求保护范围不能准确确定，不符合《专利法》第 26 条第 4 款的规定。应当删除上述用语或者改用其他表述方式。如改用其他表述方式，应当注意修改不得超出原申请文件记载的范围。

同样不确定的还包括一些修饰语，如"一种性价比很高的汽车电池"，汽车电池是确定的主题，但是"性价比很高"就不是确定的限定。

四、权利要求不简要

每一项权利要求及所有权利要求构成的整体都应该简要，体现为以下几点：权利要求的数目要合理，权利要求之间不得有重复，不得对原理、理由做不必要的描述。事实上，工作原理应该

出现在说明书的实施例中。如"一种雨水篦子",原权利要求 3
如下:"3. 根据权利要求 1 所述的一种雨水篦子,其特征在于:
应急排水时,手动提起两片梳型肋(2)可旋转打开篦子,待活
动卡套(6)滑动至卡槽(5)就放下梳型肋(2)可形成搭接支
撑并实现扩大排水功能。"除此之外,原权利要求 4 如下:
"4. 根据权利要求 1 所述的一种雨水篦子,其特征在于:梳型肋
(2)遇到较大荷载作用时,活动卡套(6)易因变形失去定位功
能,导致梳型肋(2)自然平放于路表或地表,雨水算子实现闭
合归位。"

审查员初步审查后指出该专利申请存在如下缺陷:权利要求
3、4 中"应急排水时,手动提起两片梳型肋(2)可旋转打开算
子……"、"梳型肋(2)遇到较大荷载作用时……",属于对产
品的工作原理、有益效果的描述,上述缺陷导致权利要求不简
要,不符合《专利法》第 26 条第 4 款的规定,应当删除。

五、产品特征与方法特征混用

无论产品特征还是方法特征,都必须是技术性特征并解决
技术问题。实用新型保护的对象是产品的形状及构造,而不是
具体的材料组成等方法要素,不能确定形状的对象,如气态、
液态、粉末状物质或材料,不能申请获得实用新型专利。构造
指的是各组成部分的安排、布置和关系,由此,只可以体现在
实用新型专利的说明书中。如"一种储水式树穴结构"(申请
号:201520273761.4),原权利要求 1 如下:

一种储水式树穴结构,包括植树穴(1)与附加穴(2),其
特征在于:树穴结构由植树穴(1)与附加穴(2)叠合四分之

一组成；植树穴（1）底层为 5～10cm 的吸水材料（3）；附加穴（2）的非叠合区填充吸水材料（3），在靠近附加穴（2）的一半叠合区填充渗透材料（4）；植树穴（1）的表层铺筑 5～10cm 的渗透材料（4），未填充的其余部分为植土（5）；吸水材料（3）为建筑垃圾与木质残体等轻质多孔混合物，渗透材料（4）为砂或磷石膏等与土的混合物。

审查员初步审查后指出该专利申请存在如下缺陷：其技术方案中包括"吸水材料（3）为建筑垃圾与木质残体等轻质多孔混合物，渗透材料（4）为砂或磷石膏等与土的混合物"，是对物质组分的限定，而物质的组分不属于实用新型专利给予保护的产品的构造，因此不符合《专利法》第 2 条第 3 款的规定。若申请人能够证明由这些物质组分或配方组成的材料是已知材料，则申请人应提供相关证据，同时在说明书中使用该已知材料的名称表示该物质组分，然后将该名称写入权利要求；所述已知材料在现有技术中如果不存在通用名称，申请人可以在说明书中为该组分或配比构成的材料定义一个名称，然后将该名称写入权利要求。

第二节　从属权利引用问题

一、从属权利引用权利要求缺乏基础

从属权利的基础是独立权利要求，应当包括对独立权利要求的引用和限定。所谓引用，是要求写明编号与主题名称；所谓限定，是要求写明附加技术特征。如果从属权利撰写中缺乏引用基础，会导致保护范围不清楚。比较典型的是，若从属权利要求 3

在引用独立权利要求 1 时，所述的技术特征并不是存在于独立权利要求 1，而是存在于独立权利要求 2 中。如"一种可放置于风扇上的蚊香盒"（申请号：201620893257.9），原权利要求 3 如下："3. 根据权利要求 1 或 2 所述的一种可放置于风扇上的蚊香盒，其特征在于：所述的盒盖（4）通过螺纹与蚊香盒体（3）连接。"

审查员初步审查后指出从属权利要求 3 对技术特征"所述的盒盖"作进一步限定，但在该从属权利要求所引用的权利要求 1 中并不存在相应的基础，所以该从属权利要求并不是对引用的权利要求 1 作进一步的限定，不符合《专利法实施细则》第 20 条第 3 款的规定。故需要修改相关权利要求引用路径，将权利要求 3 修改为："根据权利要求 2 所述的一种可放置于风扇上的蚊香盒，其特征在于：所述的盒盖（4）通过螺纹与蚊香盒体（3）连接。"

二、从属权利要求引用多个基础

从属权利要求一般引用一个权利要求作为基础，在确实需要引用在前的多条权利要求时，必须选择单一权利要求，也就是在多个权利要求之间采用"或"字而非"和"字连接。如"可调前脚掌高度的高跟鞋"（申请号：201620855357.2），原权利要求 5 如下："根据权利要求 1、3、4 所述的可调前脚掌高度的高跟鞋，其特征在于：所述 A 增高层（7）与 B 增高层（9）可以正向叠加，也可以反向叠加。"

审查员初步审查后指出从属权利要求未择一引用在前的权利要求，不符合《专利法实施细则》第 22 条第 2 款的规定。申请人根据审查员给出的补正通知书进行修改，提交补正即可，该从属权利要求修改为："根据权利要求 1 或 3 或 4 所述的可调前脚

掌高度的高跟鞋，其特征在于：所述 A 增高层（7）与 B 增高层
（9）可以正向叠加，也可以反向叠加。"

第三节　违背单一性原则

《专利法》规定，一件发明专利或者实用新型专利申请应当
仅限于一项发明专利或者实用新型专利。属于一个总的发明构思
的两项以上的发明或者实用新型专利，可以作为一件申请提出。
一件专利申请应当限于一项发明创造，这就是所谓的专利申请单
一性原则。对于不符合单一性的专利申请，可在指定期限内通过
修改和分案来克服缺陷。审查员可以要求申请人将不符合单一性
要求的两项以上发明改为属于一个总的发明构思的两项以上发明
（至少两个独立权利要求），或要求对其余的发明进行分案申请。
两个独立权利要求若没有包含相同的技术特征，彼此在技术上并
无相互关联，则认定不属于一个总的发明构思。如改善土壤渗透
性的申请"土壤植孔装置"，包括脚戴式和手握式，具体在技术
特征中均有支撑板与成孔器，可以认定为一个总的发明构思。又
如消除道路边缘积水的申请"转移路侧水分的装置"，有开口柱
状圆桶与有网眼箱体在技术特征上区别较大，不宜认定一个总的
发明构思，而应该分开单独提交申请。

第四节　说明书不清晰与不规范

一、技术逻辑不清晰

专利本质是为问题提供解决方案，但是专利的授权取决于

审查员的理解，或者说审查员的认知水平。某些常识或许在发明人眼里是公知，但是在审查员看来却并不认可。这时候，审查员往往会冠以"阐述不够详细"或"没有给出相应的试验证据"，由此认定专利申请为"该手段含混不清，根据说明书记载的内容无法实现"。这时，提供证据尤为必要，最好是权威教科书，或其他公开的权威材料，也可以是发明人开展的试验证据。

二、技术措施不清晰

说明书表述得不清楚，尤其是技术措施含混不清，会被审查员认定为"无法实现"与"不能构成一个清楚完整的技术方案"，从而轻易驳回申请。说明书是权利要求的本源，一定要把产品和方法的特征记载清楚、详尽并确保逻辑成立，否则即使之后根据审查员提出的审查意见进行必要的修改，也容易被质疑"说明书记载的内容无法实现""不能构成一个清楚完整的技术方案""修改内容超出说明书记载的范围"，而再次被驳回。

如申请"一种防冲刷混凝土砖"，发明人自认为叙述、记载得很清楚了，但审查员仍做出驳回决定，理由如下：该专利申请涉及一种"防冲刷混凝土砖"，所要解决的技术问题是"由于砖体自重比较大，在坡面上下滑力比较大，从而砖体在坡面上自稳定性差，同时在坡面上人工施工困难，遇到大雨仍存在冲刷和排水不利等问题"，说明书中记载了"防冲刷混凝土砖是一个方形砖体，表面有两个交叉的斜向排水槽 2，在排水槽 2 上端设有 V 型汇水口1，可将砖体表面接收的雨水汇入排水槽 2；砖体排水端设有斜向下切口 3，当砖体在坡面上组合排布时可在切口 3 处形成沉泥缝；两条排水槽 2 内分别有 3~4 个口径上小下大的喇叭形渗透孔 4，通过泥土沉积可形成土钉；在砖体底面非排水槽映射区域是由碎石嵌固构成的凹凸底面"，但说明书并未记载"非排水槽映射区域"的具体结构，附图中也未记载，因此砖体结构不清楚，对所属技术领域的技术人员来说，该手段含混不清，根据说明书无法实现，不能构成一个清晰完整的技术方案，不符合《专利法》第 26 条第 3 款的规定。审查员意见如图 5-1 所示。

> 申请人于 2017 年 04 月 18 日提交了意见陈述，申请人认为，从摆放位置上说是一定的，上端汇水口在上，切口处与沉泥缝在下，对此，审查员认为：说明书中该并未记载砖体的具体组合方式，因此不予考虑，而且砖体的组合，除了纵向还有横向的组合方式，因此根据说明书中记载的内容，砖体的组合方式并非"一定"，因此，相邻砖体之间具体的组合排布方式及固定方式仍不清楚；申请人陈述"排水槽映射区域"是将方形砖体的上表面的排水槽俯视后映射到方形砖体的底面上，而非排水槽映射区域就是底面上除去这一映射区域的区域，但上述内容并未记载在说明书中，同时申请人也承认少提交了砖体背面以及砖体排布的实施例附图，由此可见，说明书及附图所记载的内容并不能构成一个清楚完整的技术方案。综上，申请人的意见陈述不成立。

图 5-1　审查员意见：技术方案不清楚

三、数据混乱

说明书虽然不像权利要求那样受到严密的保护，但是说明书中若记载了可以公开的东西，必须是确定的材料。说明书表述不清楚、不确定，也会影响授权可能性。如"一种松软边坡的立体防护方法"（申请号：2013103376002）原说明书有如下字段：

下面结合边坡立体防护的应用实例对本发明作进一步说明。

1. 在神农架林区道路某处高大松软边坡进行立体防护。

2. 准备工作主要有 3 项：1) 在荫蔽潮湿地带采摘成毡面的块状苔藓；2) 剪取长约 20cm 有硬度的新鲜柳条、藤条等待扦插营养植株；3）加工横截面呈月牙型管径约 2～3cm 的中空 PVC 管材，长度 1～3m，插入端头切成楔形体并用石块等硬物堵塞，凹面上用工具刀撕裂出通缝；4）制备乳化沥青，乳化沥青胶砂，多孔混凝土。

审查员审查后给出如下具体意见：

1. 说明书的撰写不符合专利法实施细则第 17 条第 3 款的规定。说明书第 0014 段记载了"准备工作主要有 3 项"，而其后记载了 1～4 共 4 项内容，因此，该段语句不清楚，不符合专利法实施细则第 17 条第 3 款的规定。基于上述理由，该申请按照目前的文本内容还不能被授予专利权。如果申请人按照本通知书提出的审查意见对申请文件进行修改，克服所存在的缺陷，则该申请可望被授予专利权。

四、参数表达不清楚

有些复杂材料在权利要求中给出了公式，但同时遗忘了对某些参数含义的解释，构成不清楚，违背了《专利法》第 26 条第 4 款的规定。有时候，发明人忘记具体数据的单位，构成不清楚。也有的时候，发明人采用了图表，但是在表中与图中未明确地标记数字编号，缺乏对应关系，也构成不清楚。这些情况一般会同时出现在说明书中。

五、技术问题笼统

说明书背景技术部分对于现有技术的描述较为上位、笼统，不够准确也不客观。所针对的技术问题笼统且不具体，并非现有技术中实际存在的技术问题，使得本领域技术人员无法明确本申请具体要解决的技术问题。因此，申请的主题及所要解决的技术问题、采用的技术方案和有益效果之间缺少必要的内在逻辑关系，说明书及附图所记载的内容不能构成一个清楚、完整的技术方案，不符合《专利法》第 26 条第 3 款的规定。

六、用语不规范

说明书据实陈述，不宜采用非技术用语或不规范用语进行背景陈述，也不能含有感情色彩的渲染，尤其是不能使用商业宣传用语。偏向于贬低的非正能量的不规范用语不宜出现，因为专利毕竟是公开记录的文件；与此同时，商业宣传用语也与技术内容无关，说明书的摘要与内容部分不能出现上述措辞。

如某专利申请，铺垫有"高速铁路是世界铁路的发展趋势，中国是世界上高速铁路运行速度高、在建规模最大的国家"等非技术用语，审查员下达了补正通知书，从而延误了专利申请进程。

如申请"一种路侧停车位扩容方法"在描述效果时指出："两个标准平行停车位采用三分原则可扩容为 3 个平行停车位，容纳车身长度小的小微汽车，如此避免了单一小微汽车占据一个标准车位的浪费；单侧平行停车采用三分原则增设斜向停车位并在夜晚时段，增加了夜晚空闲时段的车位供给，并且基本不影响通行效率；在路口左转待转区段，增设路侧平行停车位且在夜晚时段，提高了夜晚空闲时段的车位空给；增加的车位统一施画蓝白相间虚线条，区别于正常时段的停车与标准车辆的停车，保障了新需求；整体上在既有道路空间与路侧停车基础上增加了车位供给并促进社会和谐。"审查员审查后发出补正通知，指出：说明书摘要使用了商业性宣传用语"可以适当扩容停车位，增进社会和谐"，不符合《专利法实施细则》第 23 条的规定。

第五节　图片相关问题

一、外观设计组图不清楚

构成外观设计的要素有三种，即形状、图案和色彩。复杂产品或涉及六个面的图片，包括主视图、后视图、左视图、右视图、俯视图与立体图，必要时还可提供剖面图。各视图的视图名称应当标注在相应视图的正下方。不得以阴影线、指示线、虚线、中心线、尺寸线、点划线等线条表达外观设计的形状。说明书中没有提到的附图标记不得在附图中出现，

某外观设计申请由于俯视图的比例明显较小，影响外观设计的正确表达，被审查员认为"不能清楚地显示要求专利保护的外观设计，不符合专利法第二十七条第二款的规定。应提交比例较大的上述视图一份"。之所以强调外观设计，这是因为在发明专利与实用新型专利的附图中，文字和线条应当是黑色的。

二、说明书附图缺少

申请文件中说明书的附图说明与实施例中包括不止一个图的说明，而实际附图只有 1 个，可以理解为说明书附图缺漏。对于此情形，一般有两种补正方法。一是审查员初步审查后会给出补正意见，"在不影响专利申请书的创新点及相关技术特征的情况下可直接取消多余附图的说明；可补交附图，但会影响该专利的

申请日，以向专利局补交附图之日为专利申请日"。二是审查员一般会给出补正通知书，"说明书中写有对附图2的说明但缺少该附图。根据专利法实施细则第四十条规定，申请人应当在指定的期限内补交附图或者声明取消对附图的说明。申请人补交附图的，以向专利局提交或者邮寄附图之日为申请日；取消对附图的说明的，保留原申请日。"由于附图2说明去掉的话会影响整个说明书的完整性，故申请人需要提交附图2。

三、说明书附图不清楚

实用新型保护的对象是产品的结构，除却流程图与框架图框内文字和表示方位的文字等增进辅助理解外，绝大多数情况下附图不允许出现文字标记。原则上，能够用阿拉伯数字标记并在说明书给出说明的部件都应该采用数字标记，标记的数字大小应与图片比例合适且清晰。由于专利文件以黑白印刷出版，附图不能有颜色，工程蓝图也是不允许的。同时，每个附图是独立与完整的，不允许将两个分开的、无线条联系的图放在一张图内。如果附图不清晰、有阴影，是难以通过审查的。需要说明的是，附图不管是手绘的还是计算机绘制的，只提供结构示意，与具体产品是有差距的，一定要紧扣"黑色墨水线条"的含义，否则审查中就会出现问题。

如"一种户外的帽子"（申请号：201511011332.0），说明书初始附图如图5-2。审查员初步审查后指出该专利申请存在如下列缺陷：

说明书附图1和摘要附图中有灰度对比，致使附图不清晰，不符合《专利法实施细则》第一百二十一条第一款的规定。

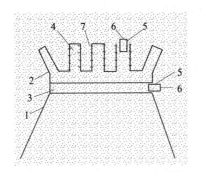

图5-2　户外帽子初始附图

应当去除附图中的灰度，仅以线条表示产品的形状、构造。修改时应注意不改变原附图所示的形状、构造。阴影等形式也不能出现在附图中，呈现的只能是平面的线条；也不能有涂改，否则构成不清晰。

发明专利申请中，若说明书附图中使用相同的附图标记，则应当表示同一组成部分，而不能以同一标记表示多个组成部分，否则保护对象不具体。

审查员给出审查意见：

说明书附图中使用的相同的附图标记应当表示同一组成部分，然而在本申请的说明书附图1中使用附图标记5分别表示了大圆柱3侧面和小圆柱4顶端的两个不同开口，使用附图标记6分别表示了大圆柱3侧面和小圆柱4顶端的两个不同塞子，因此说明书附图1不符合专利法实施细则第十八条第二款的规定。

申请人在修改说明书附图1中的附图标记时，应当同时注意修改权利要求以及说明书中相应的附图标记。根据审查员的意见与建议，不仅重新绘图清除背景灰度，新增标记8与标记9用于区别原标记5与标记6，同步更改权利要求书与说明书中相应的附图标记。具体补正见图 5 - 3。

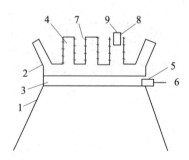

图 5 - 3　户外帽子补正附图

四、效果图与工程图的作用

专利申请书的附图采用黑色线条对结构组成单元以及单元间的布局、联系进行必要的示意，而非满足实物制作的工程图。由此，反映整体布局与效果的效果图，尤其是彩色效果图并不可取。效果图由于直观明晰，主要用于交流推广。

如某单柱柔性路桩，是用在路侧起警示与导向作用的路桩，或用在停车场等的边界起警示与隔离作用，其技术特征在于：固定地桩上部颈脖紧固有压缩弹簧，弹簧线圈腔体内有红白相间的PVC 管材。该专利技术效果是车辆冲撞下易于变形同时管材的黄白相间或红白相间颜色易于识别，而在效果图上可以体现具体结构组成单元，采用实体或颜色上的表达并不符合要求。对比可以发现：效果图能够掩盖某些具体技术特征，更好地体现了整体外观，但对于结构内部细节并不做清晰表述。图 5 - 4 给出了单柱柔性路桩效果图与专利附图的对比。

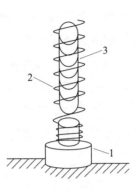

图5－4　单柱柔性路桩效果图与专利附图对比

如路缘带沉泥盒，是用于放置在道路边缘平石带，依靠沉淀收集路表细微泥渣的装置，其技术特征在于：连接板由竖直连接板和水平连接板组成，蛋杯顶部镂空成开孔状，竖直连接板把蛋杯外壁联系在一起并且在蛋杯底部保持在同一个平面，水平连接板把蛋杯顶部联系在一起并保持在同一个平面；侧立板、连接板与蛋杯围成浅盒状，连接板与侧立板保持连接成为整体。效果是既能在雨水流经过程中沉淀泥渣又便于维护清理，减轻雨水井内沉渣的形成。图5－5给出了效果图与专利附图的对比，可以发现，效果图的阴影与灰暗的实体形象在专利附图中是没有的，专利附图中体现的只有线条。

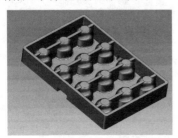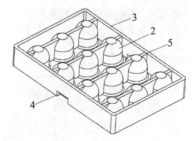

图5－5　路缘带沉泥盒效果图与专利附图对比

工程制图精度高，反映的不仅有主要的结构组成，更有细节方面对结构的具体尺寸要求，在机械方面的图中还可反映工作原理，主要适用于工程师放线下料（施工）制作用。图 5 – 6 示出了雨水箅子的工程制图，而图 5 – 7 示出了雨水箅子的效果图。很明显，效果图中一般没有尺寸，也体现不了细部要求，更多展示了整体外观，体现了成型或施工完成后的工作效果。

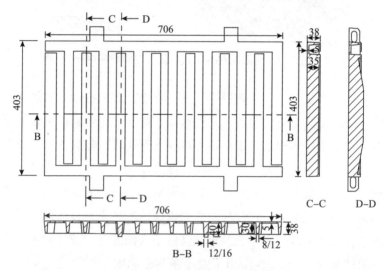

图 5 – 6　雨水箅子工程制图

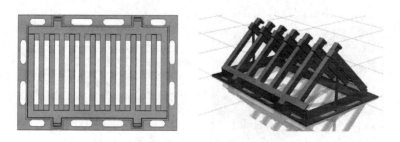

图 5 – 7　雨水箅子效果图

第六节　实用性问题

有些申请文件对现有技术某些非致命的缺陷进行了改进，但是在审查员看来，这些改进不仅技术过于简单，而且对于产品或行业发展也没有明显促进，因而认为其"脱离社会需要"，导致专利实用性不足。

比如，申请"一种滑板车辅助安全装置"揭示了搬运扭式滑板上下台阶容易损伤人腿脚的问题，针对该问题在滑板侧面设置活动的橡胶挡板。审查员认为该发明在实用性上存在问题，详见图 5 - 8。

发明创造名称：一种滑板车辅助安全装置

第 一 次 审 查 意 见 通 知 书

本通知书是对申请日提交的申请文件的审查意见。根据专利法实施细则第四十四条的规定，审查员对上述实用新型专利申请进行了初步审查。经审查，该专利申请存在下列缺陷：

1.该专利申请的说明书/权利要求书记载了"滑板车辅助安全装置，包括挡板（1）、螺丝（2）、滑板板面（3），其特征在于：所述的挡板（1）采用矩形的内层金属材质并且外层橡胶材质的组合结构；挡板（1）通过所述的螺丝（2）有间隙地可活动地铰接固定在滑板板面（3）的内侧面，并且螺丝（2）嵌入在挡板（1）内；挡板（1）高度为滑板板面（3）离地高的一半，挡板（1）长度为10cm"，该技术方案螺丝有间隙的连接会造成行驶中的不安全，而其他手段都是现有技术中普遍存在并使用的，该技术方案明显无益，脱离了社会需要，因此不具备专利法第二十二条第四款所规定的实用性。

图 5 - 8　审查员意见：实用性的问题

申请人陈述意见如下：

正常搬运提起滑板，是在折叠成小体积的物体后。实际使用中，为了出行便利，在通过小台阶时并不折叠滑板，仅用双手在双腿外侧提起滑板车的车把，滑板车的滑板会斜靠在小腿外侧被抬起，整个滑板车以一个倾斜的角度附着在人身，着力部位包括双手与小腿侧（附有图片）。这个时候，滑板狭窄的板厚导致与小腿接触面积小，由于滑板与车把杆的扭动连接，进一步导致滑板在离地后会撞击小腿。改进措施"活动橡胶挡板"作为隔离缓冲装置，扩大了腿部的受力面积并减弱损伤，便于在不折叠情况下，依靠人手提起滑板车爬高走低时减少对腿脚撞击程度。该申请技术措施虽然小巧，但是解决了潜在的安全问题。因此，该技术方案具备实用性。

遗憾的是，审查员认为：申请人陈述的技术问题确实存在，但是解决方案会造成行驶中的不安全，不能够因为搬运的小问题导致正常使用的危险。该申请最终被驳回。与此对应，车辆存在潜在交通事故危害则不是一个评判标准。

又如，道路限高架在保护重要基础设施，限制超高车辆进入的同时，又构成了实实在在的障碍。参照测速前都会设置"前方测速"的提醒标志，那么刚性限高架也需要提前进行有效的预警，判断是否超高并给予警示的预警限高架应运而生。当前有一款预警限高架的构思如下：

横梁垂直于道路纵线架在道路中央，横梁两端头搁置在有充气皮球的竖直槽内，横梁是实心圆柱体并且重力远大于充气皮球的支撑力，槽底标高与限制高度一致，横梁中部有橡胶套。

初始检索时，发现该发明的新颖性没有问题而且很实用，车辆驶入就能顶托起横梁，并且车辆走后又能自动落下来。但是问题在于，横梁还未顶托上去就可能被车辆撞断，带来实用性上的重大不确定性。只有改进该横梁的冲撞部，增强内部稳定性，才具备可以推敲的实用性。

实际应用属性需要比较可靠的安全性，不能因为创新而滋生新的安全问题。创新做到十全十美的难度是很大的，但是如果存在的缺陷可以容忍，那么就可以边干边用，在实践中完善。襄阳市为发展文化旅游推出"羽扇纶巾"护栏（见图5-9），主要特征是水平波浪杆由立柱撑起，同时点缀有孔明扇。初步应用在街头时，其改变了传统平直护栏的呆板，路人也耳目一新。但是时间久了，多处护栏很容易被踩坏。事实上，在城市道路交通设施设计规范中对护栏有"防蹬踏"要求，显然，波浪式弧度在实际应用中因路人蹬踏、攀登、跨越，实用性被破坏。

图5-9 襄阳的特色护栏

第七节 其他错误

说明书、权利要求书、摘要，包括专利申请请求书中的专利名称必须一致，也就是专利申请文件必须保持一致性。唯一始终的名称相当于身份标记，不可变动。如申请"一种路表拦水带施工方法"与"一种路表裂缝封堵方法"在名称上不一致，不满足主题的唯一性与相关性（见图5-10）。

发明创造名称： 一种路表拦水带施工方法

补 正 通 知 书

　　上述专利申请，经审查，存在以下缺陷，申请人应当自收到本通知书之日起 2 个月内补正。期满未答复的，根据专利法实施细则第 44 条第 2 款的规定，该申请被视为撤回。
　　缺陷及应补正的内容如下：
　　权利要求 2、3 中首句为"根据权利要求 1 所述的一种路表裂缝封堵方法"，其中的"路表裂缝封堵方法"疑似与本申请主题无关，请申请人核实上述表述是否有误。

图 5 – 10　主题混杂情况

　　专利名称、申请号、费用名称与缴费金额等信息必须正确，同时要在截止时间前完成正常的缴费工作。尤其是申请费的缴纳不可延迟，否则会被国家知识产权局通知撤回，虽然可以重新提交申请，但影响了申请进度（见图 5 – 11）。

申请号或专利号：201820986812.1　　　　　　　发文序号：2018092800659190

申请人或专利权人：湖北文理学院

发明创造名称： 一种挡土墙用装土编织袋

视 为 撤 回 通 知 书

　　上述专利申请，因申请人未在国家知识产权局于 2018 年 06 月 26 日发出的缴纳申请费通知书或者费用减缓审批通知书规定的期限内缴纳或者缴足相关费用，根据专利法实施细则第 95 条的规定，该申请被视为撤回。
　　附缴费情况：
　　规定的缴费截止日期为 2018 年 08 月 27 日，申请费 75 元，申请附加费（权利要求附加费 0 元，说明书附加费 0 元），国家知识产权局已收到上述费用 0 元。

图 5 – 11　视为撤回通知书

　　说明书详尽有助于实质审查阶段对权利要求的主动补正与根据实质审查意见的针对性修改。说明书并不是被保护的对象（除体现在权利要求书中的内容），它是一种公开的材料。为此，说明书应该尽可能写得详尽，以便留足补正与修改权利要求的空间。同时，摘要不能超过 300 字，体现发明名称、应用领域、技术特征与效果即可。

申请文件修改不得超出原说明书记载的范围。审查员在给出的"补正通知书"或"审查意见通知书"中，会明确地告知：根据《专利法》第 23 条的规定，申请人对申请文件的修改不得超出原说明书（包括说明书附图）和权利要求记载的范围。

避免意见陈述书信息错误。在意见陈述书中，需要填写明确的申请号、申请日、发明创造名称，以及何年何月何日做的第几次审查意见通知书（含发文序号）。这些关键信息都不能出现错误，不能与前次记录或发文的信息有偏差。

避免关键字段的文字错误。作为表意文字，中文博大精深，词组表达意思要相对清晰明确。在描述效果时，有的人会把"上述"疏忽写作"上诉"，如某申请的说明书就出现了"综合上诉低影响环境的技术措施"，被审查员建议修改。

一些明显低级错误，审查员可以依职权修改。如对于权利要求书和说明书，可以改正明显的文字错误和标点符号错误、修改明显的文本编辑错误、删除明显多余的信息。又如对于摘要，可以添加明显遗漏的内容、改正明显的文字错误和标点符号错误、删除明显多余的信息。为避免低级错误，要加强检查，必要时请他人帮助检查。

第八节　警惕非正常申请

一、何谓非正常申请

《关于规范专利申请行为的若干规定》（国家知识产权局第

75 号令修正）第 3 条规定六种情形为非正常专利申请："（1）同一单位或者个人提交多件内容明显相同的专利申请；（2）同一单位或者个人提交多件明显抄袭现有技术或者现有设计的专利申请；（3）同一单位或者个人提交多件不同材料、组分、配比、部件等简单替换或者拼凑的专利申请；（4）同一单位或者个人提交多件实验数据或者技术效果明显编造的专利申请；（5）同一单位或者个人提交多件利用计算机技术等随机生成产品形状、图案或者色彩的专利申请；（6）帮助他人提交或者专利代理机构代理提交本条第一项至第五项所述类型的专利申请。"

2021 年《国家知识产权局关于进一步严格规范专利申请行为的通知》指出：不以保护创新为目的的非正常专利申请行为仍然存在，严重扰乱行政管理秩序、损害公共利益、妨碍企业创新、浪费公共资源、破坏专利制度。该通知又增列了 5 类非正常申请行为：（1）单位或个人故意将相关联的专利申请分散提交；（2）单位或个人提交与其研发能力明显不符的专利申请；（3）单位或个人异常倒卖专利申请；（4）单位或个人提交的专利申请存在技术方案以复杂结构实现简单功能、采用常规或简单特征进行组合或堆叠等明显不符合技术改进常理的行为；（5）其他违反《民法典》规定的诚实信用原则、不符合专利法相关规定、扰乱专利申请管理秩序的行为。

二、敬畏申请行为

2021 年，国家知识产权局专门组织开展了打击非正常专利申请的专项行动，通报非正常专利申请共 81.5 万件。专利代理机构、发明人与申请人切实受到较大的震慑。某普通高校在

2022 年被要求撤回 20 余件，大多主题涉及传统领域。而与此同时，某"双一流"高校在 2022 年初授权发明专利的平均周期在 3 个月，主题基本集中在技术难度大的高精尖领域。

根据国家知识产权局相关规定对非正常的定性描述，结合非正常案例统计，可以发现简微专利涉及的非正常专利申请多具有以下特征：主题集中在传统领域，技术低端没有差异，常人能轻易读懂；技术虽高深但空洞抽象，无性价比，实施性差。

怀揣对专利证书的渴望与激励，容易走上"为了证书"的低层次创新之路。古人云：取法其上，得乎其中；取法其中，得乎其下。格局设定小了，就如同"井底之蛙"无法将事业做大。简单地说，专利创新的动机非常重要，不能停留在授权证书上，而是要以保护与应用为目的。比如，坐火车出行想打个盹却有灯光影响，这就是有意义的社会需求，接下来就是针对需求中的技术问题进行区别性特征点架构的创造性劳动。通过设计眼罩解决打盹需求，有以下解决方案：端头内系在座椅上的条带式厚实花布，紧贴座椅靠背的弧面深色塑料软板，类似电影院展示 3D 效果的独立眼镜，类似安全带的自伸缩抽拉式加自粘贴外端头条带。显然最后一个方案比前面的方案都更加具备创造性，也更能趋近安全可靠的可穿戴产品。如果刻意为了区别或创新，设计一款标新立异且多功能的帽子会让简单问题复杂化，因为任何突出的非柔软性遮挡物在列车中或将构成运行障碍。

三、如何规避非正常申请

（1）正确选题。要确保有实际应用场景，不是虚构的技术问题。可以通过检索判断选题热度，自主文献检索或委托查新公司做检索。选题宜侧重研究未深入的技术问题，普通的技术问题没必要浪费资源；多聚焦新时代关键词，做到坚决不炒冷饭。比如"车玻璃稳定减噪装置"要解决公共汽车噪声明显大于小汽车的问题。公共汽车玻璃叠合设计，车辆行进中有晃动与撞击，车内噪声可达 60～85 分贝，应该采取措施减少这个噪声。

（2）力所能及。本公司与本团队具备所在领域相应的研发条件与人才能力，简单地说，能担当且德配位。比如"电水壶的温度控制方法及装置、电水壶"（申请号 201811393291. X），申请人为浙江绍兴苏泊尔生活电器有限公司；"一种电水壶保护方法、保护电路及电水壶"（申请号 201910727670.6），申请人为珠海格力电器股份有限公司。在前置审查环节，一般不会怀疑大公司在所属行业的技术创新。而普通单位或个人，则可能被怀疑与创新能力不相符，不具备申请该领域专利的能力。

（3）有效试验。具体是发明人团队开展实验，有权威第三方证据更好，定性描述之外最好有翔实数据。创新不宜仅停留在思考，要想不被定性为"编"，一定要有检验。比如九阳防水材料有限公司申请的"一种高性能 TPO 防水卷材及其制备方法"（申请号 2018106137203）于 2020 年 11 月 24 日授权，技术文件中有"采用 GB27789－2011《热塑性聚烯烃（TPO）防水卷材》对产品的检测结果"。又比如以岭医药研究院有限公司申请的"抗病毒中药组合物及制备方法"（公开号 CN1483463A）还提供了多个第三方的试验证明。

（4）应努力回避现有技术的简单组合。常规技术手段可以非常规应用，但是在技术构成中，少用单一公知技术担当解决问题的核心。比如"车玻璃稳定减噪装置"（申请号 2020102629738），包括吸盘、楔形块、硬塑板与塑胶绳。问题一经提出，其解决手段可能是显而易见的，只适合做实用新型进行申请，否则会遭遇疑似非正常质疑。丰富核心特征点，做到精准且必要，让独立权利要求具备实质性创新，让从属权利要求完善专利质量。基于简单组合，尽最大可能做一点行业内外技术人员不宜懂的技术，也就是提高技术门槛。

（5）保全研发过程。具体是在研发过程中，保留影像、图片或实物证据，尤其是过程产品与应用实践以便自证清白。根据规定，审查业务专用函给予的答复时间是 15 天。如果没有及时保全过程，就会来不及陈述。保全研发过程，不弄虚作假，做到实事求是。

（6）有组织科研。具体是在组织框架内规范管理，有职能部门管理、有任务目标、有资金保障等。通俗地讲，瞄准迫切或必要问题，有选择性地实施，既培养人才团队又解决技术问题。组织的要素，具有较强的技术研发能力、生产能力和完善的知识产权管理制度。推进"有组织的科研"是教育部的明确要求，可提升任务导向的科技攻关效率，实现重大原创性成果和关键核心技术的突破。专利依托的项目可以是政府立项，也可以是企业立项。

四、如何陈述非正常申请

用事实来陈述利害，主要涉及研发能力、研发过程、市场应用、研发背景、技术理论等的有力证据。

（1）证明研发能力。营业执照有经营范围，涵盖涉案主题；业绩与涉案主题相关；公司研发团队，学历与业绩（发表的论文与专利）；公司可提供办公尤其是生产制造的场地。

（2）证明研发过程。体现有组织科研，研发计划或项目申请、研发立项（自立或委托合同或政府文件）、成果报告（样品与试验数据）以及（第三方）检测报告，提供实物证据包括应用场景，强调申请专利目的是保护研发成果。

（3）证明市场应用。如果有产品对外销售，提供销售合同和销售发票。权威性的用户证明实用效果也可以提供。

（4）陈述研发背景。调研资料（含图片）说明技术问题真实存在，有研究的必要性。其他权威杂志公开的技术背景也可以提供。

（5）证明技术理论。技术的理论依据是可靠的；技术的试验效果是可靠的。公知的技术理论优先做依据，可有明确的推理过程。

以"跨江河桥面的径流减排装置"不成功陈述为例。杨泗港大桥（2019 年通车）在桥面两侧每隔 9 米设置一组泄水孔，以满足强降雨时快速排水的要求。由实例可知，方案不是胡编乱造。但是发明人说明是自发兴趣（言下之意未获得组织支持），也未提供理论推理，也没有试验数据证实，当然也没有实物样品，或许应该以实用新型而不是发明专利提交申请。

以"雨水井集污装置"（申请号 2022100526581）成功陈述为例。第一，陈述研发背景。翔实调研资料（含图片），说明技术问题真实存在，有研究的必要性，也有研究准备。第二，陈述研发能力。在《给水排水》发表论文"双扇交叉型雨水篦子的性能分析"，以第一发明人授权专利"一种减弱雨水井沉渣的方法"（申请号 201810666909.9）。第三，陈述研发过程。提供项目申请证据，附有项目申请号或加盖公章的截图为证。以"道路雨水初净系统开发研究"为题，提交 2022 年湖北省高价值知识产权培育工程项目；向襄阳市科技局提交项目申报"道路雨水初净系统成果转化应用"。反驳简单替换或拼凑，论证结构、机理、效果。反驳试验数据与效果编造，由基本理论推导可行性，由试验数据（图片）证实可行性。由实物样品展示开发过程（配图）。

第六章 大学生简微专利产品化试验

有些学生在进入大学时不愿选择学业难度大的专业，如在土建相关专业中，工程管理招生情况就明显比土木工程好得多，学业难度大的专业，多有创新能力与实践能力的双重需要。人才的培养，离不开实践操作，如今高校大学生创新创业教育❶已基本实现覆盖。央视"我爱发明"栏目积极展示出创新过程，推崇的就是成果转化应用推出产品的过程。以产品为终端的应用实践，稳定了发明创造的技术特征，并体现了积极效果。专利产品化，有助于直观地呈现专利思想，可以在产品化过程中根据操作可行性改进专利申请说明书的技术特征，发现说明书与实际操作间的差距，丰富专利思想的细节。专利产品化作品，不仅要展示外在结构组成，更要展示内在工作机理与实施效果，它要能够比说明书或专利证书更加直观地给人深刻的产品功能印象，尤其是对可行性或可靠性的印象，能够丰富专利证书平面媒介成果转化的局限。专利产品化过程，体现了人脑与人手协同、基于工具对

❶ 罗亮. 澳大利亚大学生创新创业教育研究［J］. 学校党建与思想教育，2018（2）：93－96；符繁荣. 新时代背景下大学生创新创业教育推进机制的构建［J］. 教育与职业，2018（7）：67－70；王美霞. 大学生创新创业教育现状调查及对策研究［J］. 中国大学生就业，2018（3）：34－38.

材料（或零部件）加工成新事物的过程。

第一节 产品意识需要

目前，就业市场中技能型劳动力越来越缺乏，不少工厂感慨招工难与招聘难。技能型劳动力所具备能力的核心不是高深的理论知识，而是刻进骨子里的产品意识。事实上，产品意识很重要，对于小产品也是如此。据说，有着四五十亿元市场规模的助听器由受话器、麦克风、IC 芯片等三个关键部分组成，都被跨国集团所垄断。又如，驱鸟器用在输电铁塔上面，在国网电力系统广泛推广应用。

产品意识以重复生产实用产品为开发目的，终点在于积累物质财富，不同于获取专利证书的保护设计，也区别于传统的产品观念。简单地说，产品意识就是能够重复生产与销售，无法销售就不可能持续生产。而专利保护则可能仅停留在设计构思，并不注重因销售或使用产生的重复生产。产品观念重视产品质量，在性价比上可能因没有优势而失去市场份额。以"好酒不怕巷子深"为例，产品意识即为开发出可买卖的实物酒，产品观念则是开发出好酒。相比之下，专利保护则是指酒的配方或生产工艺，落脚点不在于实物的酒。过于强调知识产权，产权意识先于产品意识，甚至于忽视产品意识，会与社会共同体福利相悖，也与专利制度促进生产力的初衷相悖。

第二节 实证过程需要

在形成专利到推出市场的过程中，涌现了不同的促进转化应用的措施，包括且不限于创客空间、创业咖啡、路演与风投。不少平台确实做出了成绩，促进了成果转化，但是不能回避专利转化率低的现实。这不是"巷子深浅"的问题，而更多地与专利质量低劣有关。这种低劣质量的根源发端于专利创造的非实验探究的产品化过程。创新过程更侧重动脑而非动手，还有的在方案实施阶段缺乏必要的竞争，导致产品主要功能的缺陷以及附加功能的不足等。例如，在沥青混合料设计领域首推的旋转压实仪，国外不同厂家就做出了具备基本功能的多种产品。

低成本的无物"臆想"是创新的一种措施或必由阶段，但是游离于产品化过程之外，创新飘在云端并没有实际落地无法证实实用性。从"创新思想"到"专利证书"之间的路程可能不远，然而，从"专利证书"到"市场应用推广"之间的路程可能会很长。虽然创新与创业并举，但是创业实践难度也不小，丢掉产品化过程，也就丢掉了科学实验的探索创造过程，当然也就没有实验研究论文的出现。创新的同时也要加强产品化实践，让优质的创新脱颖而出。中央电视台科教频道就公开鼓励了实物发明的创造与应用过程，可以说，在应用中不断地修订发明的技术特征，在产品化专利技术过程中推动技术发明的精细化，最终才能成功地直接与市场对接。

第三节　大学生物化试验

大学生课外实践活动，可在兴趣的推动下自主实施，见证与享受产品过程。在学生广泛的参与下，以赛事方式让更多优秀产品竞技出来。比如湖北文理学院就由学校团委发布通知并组织了大学生专利物化大赛，由学校发明协会具体承办。经归纳整理，自发地形成三种产品生成方式，包括零部件组装方式、成品改造方式与实体模型方式。

一、零部件组装方式

一般根据机能要求，产品会有多个必要的独立组成部分，以符合专业分工以及运输要求。对产品合理分拆，提供了将零部件组装成为整体的可能，也方便了足尺要求的中间样品制作。

土建学院梁宇团队结合对宿舍楼窗台晾衣架的观察，发现需要解决晾晒衣物适应天气变化的问题。经过解雄飞牵头的拓荒者专利服务团队指点，自动光感伸缩雨篷构思形成，属于智能家居领域。主要技术特征如下：玻璃纤维打底且有短绒的篷身材料，抗风的稳定骨架支撑，新型光感材料做开关。团队获得 1600 元劳务费资助，用于购买投影幕布做可伸缩的篷身材料，衣帽架代替支撑骨架，另有购买光敏开关与电源，拆解投影幕布电源开关并与光敏电阻组装，实现篷布随光线变化调节收放。初步实验显示，该雨篷可以抵抗高温、灰尘、烟雾等外界干扰。自动光感伸缩雨篷实物见图 6 - 1。

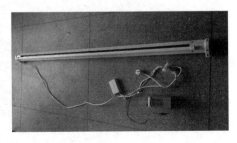

图 6 - 1　自动光感伸缩雨篷

物电学院陈麒团队选择产品化实用新型专利"具备语言询问功能的汽车踏板"。主要技术特征如下：踏板背面装有语音询问装置，由车载电源线通断电源的开关控制，在汽车踏板上设有红外线发射管和红外线接收管感知脚的踩踏并触发扬声器询问；产品可用于驾校学员学车。团队获得 1000 元劳务费资助，购买电子元件与 PCB 板焊接后成为单片机的硬件电路，编制程序与调试，在侧板上安装踏板、扬声器等并与控制电路连接。实验中发现，红外传感无法识别黑色鞋，或需要采用激光测距传感器代替。语音询问汽车踏板实物见图 6 – 2。

图 6 – 2　语音询问汽车踏板

点评：根据功能特征购买必要的零部件（或拆分得到零部件），结合专业知识动手组装，实现智能控制，较完整地展现了专利思想，接近可重复生产的成品。

二、成品改造方式

有些产品具备通用性的基本必要功能，却不具备某些特定功能。通过观察与思考可以发现这类缺陷，做出适当的改进或调

整，可以弥补某些细分的市场需求。在这种情况下，对既有成品
进行直接的功能改造是有效果的。

管理学院秦一萍团队结合火车卧铺熄灯后用光的难题，构思
了借助磁力吸附的手电筒。主要技术特征如下：照明灯本体带有
强磁铁，常开轻触开关。团队获得 800 元劳务费资助，购买迷你
手电筒与环形磁铁，拆掉按键开关并加入环形磁铁，用胶水固定
复合开关，手电筒触碰铁质材料后发亮，并可吸附于上。磁吸式
迷你手电筒实物见图 6 – 3。实验中曲折较多，如 502 胶损坏开关
后改用 AB 半固态胶，单枚磁铁磁力不足需要多枚弥补，修剪复
位开关长度以扩大磁铁接触面积。

图 6 – 3　磁吸式迷你手电筒

体育学院左常颖团队结合网球专业训练构思了重心可调式网
球拍。主要技术特征如下：网球拍的拍柄与拍框为中空结构且内
腔相通，拍柄与拍喉处设有中孔的阀门，内腔充有小钢球，拍柄
有橡皮尾塞，通过钢球的移动，可实现拍头重或拍柄重。团队获
得 800 元劳务费资助，购买成品网球拍与小钢球，掏空拍柄与拍
框，充入小钢球，实现重心改变，从而改变了传统贴铅皮的训练
方式。实验中设置弹簧阀门分隔拍柄与拍框，重心可调式网球拍

实物见图 6 - 4。

图 6 - 4　重心可调式网球拍

点评：生活问题发现得好，针对性就强。产品化过程利用现有成品进行改造组合，在产品化小产品实验过程中不断解决新的技术问题。

三、实体模型方式

有些大体积的产品，如果以实际材料与尺寸呈现结构特征与功能特征，则建造成本会很高，超出经济承受范围。根据相似性原理，缩尺的实体模型可以明显缩小尺寸，或缩减材料，也可以重点展示结构特征与工作机理。

物电学院张宇凡团队采用缩尺模型展示了触碰式预警限高架。团队获得 800 元劳务费资助，购买塑料棒、扭力弹簧、转轴、电路板、铜片、焊锡丝和导线等，将扭力弹簧两端采用热熔胶分别与转子和定子固定，并将转子与定子分别固定在代表横杆与立杆的两根塑料棒上，焊接铜片与导线组成电路并以 USB 方式接入电源。道路限高架实体巨大，实物制作与安装成本高，首次产品转化难度大，而通过模型实现则简单得多。预警限高架模型见图 6 - 5，重点在于自动控制部分，涉及物理电子模型，属于精细工作，没有熟练掌握电路操作知识便做不来。

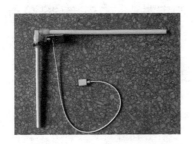

图 6 - 5　预警限高架模型

　　土建学院陈涛团队基于建筑模型制作基础，对双扇交叉型雨水箅子进行了模型制作。需要展现的技术特征如下：对称交叉的两组肋片，可竖直立起与水平横躺。团队获得 800 元劳务费资助，购买矩形整块薄木板为材料，借助切割机切割出条状肋片。由于薄木板强度不足，无法完美展示立起的工作状态，同时薄木板与底座衔接，无法模拟铰接的转动。也就是说，强度不足的材料只能部分实现结构特征，基本无法展示工作机理。进一步地，团队委托 3D 打印公司采用树脂材料打印出结构部件并组装，完整地展示了结构特征与工作机理。双扇交叉型雨水箅子的两种缩尺模型见图 6 -6。

图 6 -6　双扇交叉型雨水箅子缩尺模型

第四节　工匠贡献分析

一、传统工匠制造

有的产品适合采用木材做模型，有的产品适合采用金属做模型。"工欲善其事，必先利其器"，木工操作师傅经过数十年的实践，不仅拥有刨床等专业工具，更拥有对结构尺寸与组合的空间识别能力。除此之外，根雕师傅更是有着艺术与美学的造诣，带来了各种不同的艺术作品，其背后却藏着无数用坏的工具，图6-7给出了人到中年的谷城县曹师傅所使用的部分根雕工具。木工擅长有型结构部件的制作与内在组合，也正因为如此，在基础设施建设领域，模板工的劳务要偏高。大学生虽说有实训课程与实习任务，但是动手操作能力与工匠相比仍有较大差距。

图6-7　根雕师傅的部分工具

同理，钢筋工、电焊工能够借助简单工具与材料把钢筋绑扎、把铁器组合成各种复杂的结构形态。某柔性隔离桩采用膨胀螺丝与铁块固定在既有水泥场坪上的方案，就借助电焊工把弹簧底部与角铁焊接成整体。图6-8中电焊工人在焊接篮筐。同理，铁匠师傅有材料、有工具，在脑海中更是有图纸，对于捶打铝箔成型很有经验。某路表积水收水装置就是由铁匠师傅快速加工成型的。随着社会发展，传统技术型工匠正在慢慢消失。虽然他们没有科班出身的书本理论学习经历，但是贵在动手能力强，并由于长期地坚持不懈而熟能生巧，理应扶持他们的传帮带，将技术能力与敬业精神传承下去。

图6-8　电焊工焊接过程

二、3D打印

3D打印技术又称为三维印刷技术，是立足于三维建模与特种材料的制造成型技术，其通过一系列横截面的切片叠加制造产品，每一层都采用熔化和沉积技术来实现成型。3D打印过程从制图软件开始，通过计算机辅助设计软件，将原有的三维模型切成若干层，确定各层结构后，就像普通的打印机一样，3D打印机先打印出一层，之后再打印下一层，以此类推，最终形成物体。3D打印机的材料并不是墨水，而是多种可以快速成型的特殊材料，如聚酸乳（PLA）、ABS材料、金属粉末、陶瓷粉末等。与传统工业工艺相比，3D打印不需要人力、运输等前期准备，仅需要机器和原料，就能快速投入生产。其一键生产的功能省去了很多人力成本和人为失误，与传统制造模型相比提高了效率。3D打印的过程也没有废气废水污染，以及边角料浪费。混凝土材料可塑性较好，借助模板可以在未凝固前制作出各种结构。这有些类似早期的青铜鼎制作，也类似延续至今的陶瓷制作，都离不开模具制备与可塑性材料。对于专利产品化来说，在3D打印技术出现之前，传统方法由图纸到出实物的周期偏长，其完成度取决于工匠的技术，而模具制作过程中，设计师与开模师之间的信息交流也可能出现误差，导致一些错误及返工。3D打印技术省略了模具制作的返工，有效地缩短了从创意构思到实物产出的时间。

专利产品化的难处就在于从专利大样图向计算机三维工程图，以及由三维工程图转化为实物的过程。运用传统工艺周期长、费用高，对于发明人来说如果不是以商业运营模式为目标的话，时间与金钱的投入都远远超出个人的承受范围；而3D打印技术的诞生为发明人提供了便捷的渠道，从计算机图形到模型的诞生可能只需要短短几个小时，大大缩短了时间、节省了人力，只需要找到合适的打印公司即可得到自己需要的模型。如发明专利"一种雨水篦子"，其申请文件中的说明书附图虽然细节清晰，但是要转化为实物才能更清楚地了解其结构和工作机理，更加便于宣传。同时在转化为实物的过程中，可以进行细微的修改，这对于在计算机上制图来说非常简单。该专利申请中的肋条搭接支撑方式采用斜撑与移位后支撑两个改进方案，如果以传统方式转化实物，需要打样两次，费用和时间都会在原来的基础上加倍；以 3D 打印技术打印出两款实物所用的时间只需要几个小时，费用与传统的开模打样相比也少了许多。具体在成本上，3D 打印雨水箅子模型每套在 250 元左右，而传统方式制作雨水箅子包括模具制作与铸铁浇筑两个过程，成本分别为 3000 元左右与每套 250 元，同时还必须注意一个事实，即果只加工几套，数量太少的话，许多生产厂家不愿意接受生产任务。

第五节　实践能力培养分析

一、资金保障条件

"巧妇难为无米之炊"，没有资金就无法购买原材料、零部件或近似成品，也就没有了再加工的实施对象或基础。分析大学生专利产品化大赛实践过程可知，对每个团队的劳务费支持以及部分材料费支持是制成实物或模型的必要条件。劳务费支持重在肯定成果转化中人的主观能动性，不管成功与否，人力资源必须尊重暨保障劳务成本。❶ 如湖北文理学院开展的专利物化大赛，一等奖是消防救援作品，在支持劳务费之外还支持了 4000 元的材料费用；对二等奖作品支持了 2~3 人次的劳务费；其余作品（含 2 组实践失败作品）经费支持相对较少。显而易见，经费投入基本决定了产品的实现效果，资金支持保障了项目的可操作性。

---

❶ 曹林涛，徐福卫，裴晓敏，等. 基于专利物化的实践教学设计 [J]. 湖北文理学院学报，2021，42（1）：78-80.

二、综合素质提升效果

通过专利产品化实验，实践者能提升自身的综合素质。丰富产品细节的实践操作，培养了发明人或转化人的自信。例如，通过撰写操作过程与分析建议，提升了书面表达能力，通过采购与入账，提升了预算执行能力并感悟了财经纪律。事实上，大多数学生并没有财务报销经验，也不知晓发票抬头与社会信用代码等，更不知晓要选择可信的渠道并留下可靠的采购痕迹。通过采购材料的比选，学生提升了口头沟通能力与自我判断能力；通过走进实验室，学生熟悉了实验工具；通过组团协作，学生提升了团队合作能力；通过动手组装与制作，学生提升了实践创造能力。该过程超越传统基于平面媒介的各类赛事，本质上已经融合了创新思考与创造实践。进一步地，可以借助开发的实物或模型进行机理的相关性能实验，并撰写科学实验论文。更进一步地，可以根据实验结果，以初始专利为中心延伸与扩展新的专利构思。

三、产品化实验一般过程

大学生应如何主动培养基于中间产品的实践操作能力？不要急于在某个特定学期做出成果，而是在整个学业过程中逐步积累，并完成实践学分。各种社团活动或竞赛会占去不少精力，但是它们有竞技娱乐的成分。级别越高的赛事，投入越大，旁观群体越大，在学校引导与家长支持下开展手脑协同的专利产品化实践，有助于提高产品化的普及力度。一般而言，产品化实验包括以下几个步骤。第一步，结合兴趣选定主题；第二步，在专利数据库检索相应文献；第三步，思考并讨论技术特征与实施例，识别必要技术特征与工作机理，比较分析是制作实物还是模型，论证实验条件的可得性；第四步，做预算，采购必要原材料（或零部件），进行组装或加工；第五步，开展作品评价，优选第三方进行试验评价。在专利产品化过程中，要组建团队加强讨论，不可闭门造车。大学生虽然有粗浅理论知识，但是并不精通，对于作品工作机理需要重新认识；同时大学生也缺乏工匠的熟练操作技能，需要练习工具使用并虚心请教专业人士。

第七章　小产品转化实践分析

　　毫无疑问，专利是重要的创新载体，具体表征了政府认定的创造性技术的首次发现。发现并不具备生产力，只有应用也就是落地实施才构成生产力，如同鲁迪在碰到耐克创始人奈特之前，气垫鞋只是一种构想。把构思变成产品是一种由不可见到可触摸的跨越。"势"字由"执"与"力"组合而成，寓意"执行实施才显示力量"。其中"执"由"扌"与"九"及"、"组成，寓意用手借助工具实现设计构思并容忍不完善。这表明，产品是脑力劳动与体力劳动的结晶，产品形成是不断改进的。没有实施，不会直接体现价值。作为专利申请或准专利的主要发明人，不仅更好地理解专利技术构思，也有更强烈的意愿让专利构思走向现实生活，既服务社会也证实自己。"坐观垂钓者，徒有羡鱼情"，作为高级知识分子，高校教师的产出除学术论文，更可以依托专利产品用事实说话。核心发明人对专利技术的理解深透，对发明创造质量的信心强，一旦有资金加持，高校教师主导的小产品转化实践会更趋近于市场接受。高校既是育人主体也是创新主体，当教师有了产品意识，必将带动教学融入产品意识，也能更好地促进校企合作，增进高校专利的市场属性。

第一节　隔离桩转化实践

一、专利构思介绍

一般停车位在正侧后安设有贴地的挡车器或挡轮杆，用于精准定位。在限制车辆进入的区域边界，一般也设有隔离作用的挡车设施，可以避免车辆侵入。常见的挡车设施主要是 U 型钢管隔离桩，司机可以根据倒车雷达，在减速接近过程中识别到障碍物。停车时需要小心留意，不能触碰，否则会造成车辆损伤或隔离桩被撞歪（见图 7－1）。如果没有智能系统，有些司机要反复下车查验距离才能停好车辆。当前自动泊车入位系统依靠摄像机与超声波雷达已经实现安全停车，对于没有安装智能系统的车辆，柔性隔离桩由智慧道路保障出行安全。

图 7－1　刚性隔离桩的缺陷

限位功能柔性隔离桩（ZL201820754822.2，于 2018 年 5 月 21 日受理，见图 7-2），以两个活塞式筒套轴接地实现立杆的限制，又以 U 型钢丝弹簧线圈连接实现推力作用下的偏位与恢复；接地杆不能被小汽车压倒，主要发挥限位功能。警示功能柔性隔离桩（ZL201821194808.8，于 2018 年 7 月 26 日受理，见图 7-3），以两个压缩弹簧接地，并经由弹簧把短立杆与长橡胶横杆连接成为 U 型；允许小汽车压倒隔离桩，主要发挥警示功能。两个专利提交申请的时间有先后，解决的实际技术问题有交叉与不同，这体现出发明人在方案比选方面没有做足功课。

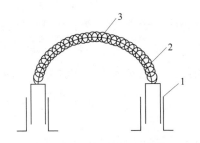
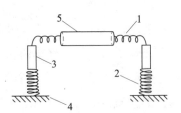

图 7-2 有限制的柔性隔离桩　　图 7-3 有警示的柔性隔离桩

二、技术实施

由于发明人不是机械专业出身，对弹簧结构以及相关参数的理论储备不足。其先是盲目地在购物平台上采购了若干批非标的弹簧进行实物感知，后来进一步找弹簧构件生产厂家咨询。先是感知某线径 0.5～2mm 的弹簧，能够实现弯曲变形与简单支撑，但无法承受车辆荷载。弹簧卖家推荐异形弹簧可以整体性弹簧方案实现概念设计的功能，需要开模（报价 3 万～4 万元），但采购数量太少无法实施。后来发现臂力器遭遇的荷载与弯曲后的结构形态基本与设想一致，遗憾的是对接不上生产厂家。有鉴于此，放弃实物足尺产品方案。后经与邯郸某紧固件公司工程师沟通，考虑可行性、耐久性、防盗性、经济性，由现有弹簧组装方案成为试生产的首选。采购 2200 元粗大弹簧材料并着手试验组装。方案一：整体性异型弹簧做成门字型；方案二：两根弹簧加横梁钢管组合成 U 型。隔离桩实物见图 7 - 4。经查验效果，发现线径 8mm 的弹簧更适合载重汽车，对于小汽车或需要偏小尺寸的弹簧。

图 7 - 4　弹簧材料隔离桩

第二节　电子门禁转化实践

一、专利构思介绍

传统机械锁不需要用电，也能够安全稳定地工作，因此一直居于主流。但是机械锁也有缺陷，同时机械锁具在全部锁牢靠后，开锁时间相对较长，不太适应有经常进出需求的门禁系统。

一种高可靠性门禁系统（专利号 ZL2016102421042，以下简称电子门禁系统）应运而生，其多采用 RFID 射频识别技术实现电子迅速开锁，而且可以记录每一次开锁的所有信息，包括钥匙持有人、开锁时间等，非常适合用作工厂以及小区门禁系统的设计。

电子门禁系统需要提高可靠性。其没有传统锁具，只有电子卡片。使用时，卡片依靠感应器就可打开门。电子门禁系统有以下主要特征，包括供电系统不同，无冗余设计，自行解码，无密码盘密码开锁等。目前该专利已经授权，申请人为湖北文理学院，发明人包括实践操作经验丰富的朱金涛与金鑫两位博士。

该专利供电系统设计理念不同，传统门禁系统在待机状态仍能正常工作，即使是休眠状态下，CPU 也处于供电状态，只是功耗会降低。此门禁系统待机状态下完全掉电，仅在开门瞬间经由触发通电，CPU 在触发瞬间工作，看到触发信号后立刻将供电权限接管，然后识别 RFID 卡的信息，并根据此信息决定是否开门，最后释放供电权限，让设备完全处于掉电状态。该系统省电且产品稳定，也能通过断电延缓老化。

电子门禁系统去掉了冗余设计。传统门禁多是单系统工作，老化后个别器件性能会下降，为此会采用冗余设计。如供电系统包括两个开关电源与一个电瓶，且包含两套完全独立控制系统协调工作，平时主系统工作时，另外一套系统也是完全掉电，当主系统工作出现异常时，辅助系统才会自动上线工作。

自行解码设计。传统门禁解码系统多采用专门的解码芯片，电路设计虽然稍简单，但是也只能实现简单的识别，如果想做得灵活，有一定的困难。电子门禁系统是自己通过硬件以及软件来手动解码，没有用集成解码芯片，可以识别射频卡放置的方式，通过不同的放置方式实现密码开锁。

无密码盘的密码开锁设计。密码开锁一般在外面放置一个密码盘。该发明的门禁系统外面什么都没有，但能实现密码开锁，实现方法是靠不同的放卡方式，里面自动产生数字识别功能，如用放置时间间隔代表不同的数字等，这样就避免了忘记带钥匙的烦恼，完全可以密码开锁。

二、产品制作过程

设计出一套完美的系统，首先要有一个好的创意，其次要掌握相应的制作技术，即动手的能力，这就是理论结合实践。偏向于理论而忽视实践，那是纸上谈兵；只注重实践而无理论，则容易蛮干。理论指导实践，实践蕴含着理论，动手做些小设计，慢慢地，什么产品、什么原理基本就能做到心中有数。对于这个门禁系统而言，需要掌握一点模电和数电知识，一点控制原理和一点编程知识。调研时，要观察社会上现有的产品做到什么程度了，各有什么缺陷，改进的话要采用什么样的思路，怎样克服其缺陷等。然后就是原理性的设计，再然后是采购材料与组装样品、测试与更改，最后是优化设计。

三、转化分析

电子门禁系统（见图 7 – 5）已经在湖北文理学院安装并运行了 30 多套，最长的已经使用 5 年，有很多套安装在需要频繁开关门的学生实验室，目前未发生故障。产品只要不断电，经过近几年实际使用，已显示出其经久耐用性。由于开发人主要擅长电子设计，缺乏更大的团队，如产品外观的美工设计，机械部分的优化设计，因此不得已利用了现有市面上的配件，尚不完美。

该门禁系统设计相对复杂，部分厂商觉得设计成本偏高没有利润空间，也有部分厂商对于电子技术的稳定性一知半解。电子门禁会分享机械锁具的应用空间，打算进入电子门禁行业或扩大产品分类的企业管理者或许能采购该技术并扩大应用。

图 7-5　电子门禁系统

第三节　户外帽子转化实践

一、专利构思介绍

专利"一种户外帽子"（ZL201511011332.0）源于发明人热爱户外钓鱼，饱受夏季钓鱼暴晒与冬季钓鱼寒冷的痛苦，故而利用了空气的不良导体性能与水的良导性。本发明提供一种户外的帽子，由帽身与加强型帽顶组成。加强型帽顶由内部中空的上下两层构成：下层为扁平状大圆柱，上层为基部连通且顶部分离的指头状的若干小圆柱。大圆柱与小圆柱均设置有开口与塞子。充气后小圆柱竖立可以固定植物枝叶起到临时荫蔽或装饰功能。夏日穿戴前，可分别注入空气与清水，以及束缚植物枝叶与清水实现降温。冬日穿戴前，可注入空气实现防寒保暖。空气与液体向帽子里的可注入与排出，使帽子便于携带与保管。帽身采用透气布料，加强型帽顶采用不透气布料。

二、委托专业厂家转化

发明人虽然在当地以及网络上接触过一些服装厂家，但均被婉拒。这时潜江某公司正在协助襄阳某企业开发防护服装，接洽之后有意合作促成产品成为现实，具体过程包括接洽、沟通、实施与检验四个阶段。

首先是专利意图解释，合作双方就发明构思进行深入交流，便于潜江某公司掌握合同内容的实现难易程度。其次是合同细节沟通，合作双方就 2.1 万元合同价格达成一致，包括产品实现至少需要的几个核心技术特征与违约责任。最后是合同实施与检验，具体包括发票入账与支付，以及潜江某公司采购材料及试制、检测。

经过紧张的工作，初级试制产品面世，其主要采用了（自闭式）充气口与防水布，并把下圆柱调整为侧围圆柱，使帽子充气后更容易裹缚在头部，初级试制产品采用了一体化设计，同种材料且同种颜色。经过试用分析的头脑风暴，做出如下建议：学前儿童玩具款，尺寸缩小，并表现为五颜六色，可为儿童玩具或万圣节搞怪；成人户外款，头顶部气囊调整为中间黏合或拉链缝合的内置活动海绵式，披风近耳位置设环扣，增进防风稳定性。无论哪一款，自闭式阀门材质都要更加柔和易变形，以便于折叠。毫无疑问，这同样是通过初级试制产品才发现原有技术方案的缺陷，并针对缺陷做出积极调整。户外帽子初级试制产品见图7-6。

图7-6　充气保暖型户外帽子

该初级产品缺陷很多，钱花了未能实现预期效果。转化失败的原因在于发明人不熟悉该行业的材料与生产，未能得到行业技术人员的指导，也没有通过有效的竞争性磋商选择合作方。专业人做专业事，发明人不可能拥有生产、质检与市场的一连串渠道，这时就需要行业内的中介。所以说，找到行业内的合作对象非常重要。

第四节　雨水篦子转化实践

一、专利构思介绍

专利"一种雨水篦子"（ZL201511011331.6），符合住房和城乡建设部主推的海绵城市理念，发明人多次持专利设计文件前往建委、市政管理处、市政公司、园林绿化公司等部门进行推广，虽然各职能部门肯定了创新思想，但表示看不到实际产品与效果。因此，发明人只得联合行业企业走向捆绑合作道路，开始尝试生产样品以进行探索。

在城市道路排水过程中，雨水箅子与雨水口的组合能极大地加速道路排水。但在大雨、暴雨天气下，一般雨水箅子并不能满足排水需求，为了能够快速排水，需要人工打开雨水井盖。此时，在没有任何提示和警示的情况下，过往的人和车辆容易陷落进去，所以双扇交叉型雨水箅子应运而生。双扇交叉型雨水箅子主要由转轴与两片梳形肋组成，通过人力旋转和梳形肋彼此支撑来实现加速排水。转轴有4个，分别固定在矩形框架的左右两个长边上。梳形肋有2片，分别与转轴连为一体，2片梳形肋的肋条相互交错且在肋条间保持一定间隔。由连环圆圈组成的活动卡套穿在肋条间，并择数根肋条的外端设置定位的卡槽。待应急排水时，可提起梳形肋，由平面旋转打开雨水井，待活动卡套在卡槽定位后，可形成搭接支撑扩大排水功能。遇到较大荷载时，活动卡套易因变形失去定位功能，导致梳形肋自然平放于井口。

二、模具设计与加工

该项专利在付诸实践之前只存在于书面的专利证书上，为了验证其实际性能，经过市场调研发现，襄阳极睿井盖公司可以组织生产。指导老师组织毕业生成立转化团队，与襄阳极睿井盖公司合作，根据雨水箅子的实际工作要求细化各部分尺寸，设计出

模具。模具由两片单体加底座单体组成，这也体现了该专利技术
与传统整体式雨水箅子的不同，正是这个不同，赋予雨水箅子两
端的可开合性与中间支撑防护性。由模具对比专利可以发现，专
利文本并没有体现雨水箅子应有的细节要求，只是展示了主要的
功能机理，这也正是专利证书与实物或模型的区别。图7-7为
双扇交叉型雨水箅子模具形态。

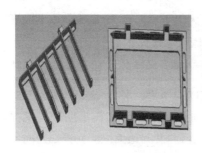

图7-7　双扇交叉型雨水箅子模具

三、小规模试生产

在设计好模具之后，转化团队便开始着手寻找合适的加工厂
按照设计要求加工出成品。在经过实验小组多方咨询和实地考
察，发现河北邯郸与河南禹州有主要生产雨水箅子与井盖的厂
家。经过慎重考虑，在询价与比价的基础上，选择前往河北邯郸
开模具，选择球墨铸铁材料组织生产。双扇交叉型雨水箅子采用
球墨铸铁制造，尺寸为400mm×700mm，质量为38kg。

既然名为双扇交叉型雨水箅子，应该是可以打开的。图7-
8给出了雨水箅子打开状态下的情形，可以看出：其可以单侧立
起与单侧平放、双侧立起以及双侧在中间铰支撑。这说明，生产
实验室样品能更好地挖掘及展示产品的功能。伴随实验室产品的

开发，发明者搬上搬下，挥汗推送雨水箅子样品至保康县市政建设管理处、襄阳市政管理处、襄阳市建委等，得到业界工程师的认可，并给出建议：若涂刷黄色油漆将更加醒目，最好采用橡胶垫以减少部件碰触的声响。目前已经有 30 套产品布置在湖北文理学院隆中学生宿舍区内使用（见图 7－9）。进一步地，与拓荒者知识产权事务所沟通，又在此专利基础上制作了改进版。这说明样品的开发很有必要，其既要能展示与验证功能，又要能激发新的创新。

图 7－8　双扇交叉型雨水箅子打开的状态

图7-9 雨水箅子的实际应用

四、性能试验

创新不仅是思考，也不能仅停留在思考层面，需要缩尺或足尺模型的性能试验。❶ 如采用 PLA 聚乳酸材料，经 3D 打印缩尺模型（大致比例为 1:3）后可以开展排水实验。实验水槽采用聚丙烯树脂材料制作的塑胶收纳箱（容积 50 升），以雨水箅子在淹没状态下替代地漏；准备校园的香樟树若干新鲜的扁长型树叶（最长 12cm，最宽 4cm），模拟暴风雨摧残后掉落至路面的枝叶。缩尺模型有三个工作状态：其一，双侧闭合状态；其二，单侧闭合并单侧立起的半开状态；其三，双侧立起的全开状态。排水实验开始前，采用多层塑料袋填充细砂土后依靠自身压力遮盖雨水箅子缩尺模型的平面开口，并在排水的一瞬间，快速地抽离砂土袋。为了减少抽离砂土袋的影响，计量时刻选取高低两个不同水

---

❶ 曹林涛. 双扇交叉型雨水箆子的性能分析［J］. 给水排水，2019，45（10）：77－80.

位线，并且在高水位线上方富余水量用以调节。排水量以两个不同水位线间的容量为准（实际标定为 36.4 升）。有漂浮物干扰的排水实验，即在容器中均匀撒布 10 张新鲜的香樟树叶。在记录排空时间的同时，观察枝叶是否有堵住开口的情形。定义孔洞率为算子被镂空的孔洞面积与雨水口上方算子总覆盖面积的比值，有效孔洞率反映了雨水口实际被有效利用的程度，数值越大，则雨水口排水受到算子的阻挡作用就越小。

　　雨水算子缩尺模型下的排水实验结果包括没有枝叶影响与有枝叶影响两个条件。结果表明，双扇交叉型雨水算子的孔洞率明显比井田网格型算子有优势，打开状态的孔洞率明显比闭合状态有优势。水流量数据证实双扇交叉型雨水算子排水效率高，半开状态比闭合状态排水效率高，全开状态又比半开状态效率高的设想，该过程客观上与应急排水时打开雨水算子的操作相一致。进一步地实验发现：由于树叶无法遮挡尺寸较大的雨水口，全开状态下，枝叶对恒定水量下的流量没有影响；半开状态下，枝叶对恒定水量下的流量有轻微影响；闭合状态下或井田型闭合状态下，流量有了显著的缩小。实验较好地模拟了现实道路排水场景的观测结果，结论可靠。

　　路障识别实验结合人眼观测与倒车雷达识别进行。把实物产品交叉支起成三角锥状，挺立在道路路表，观察路人与车辆绕避行为。进一步地，采用起亚 K5 小汽车测试前部盲区与倒车雷达的识别性。实际测量双扇交叉型雨水算子单侧立起与中间铰支撑打开状态的障碍物高度分别为 42cm 与 33cm，明显突出于路表。观察发现：路人能自动绕避，低速或高速行进的小汽车也能正常绕避。采用起亚 K5 小汽车测试前部视觉盲区距离在 3.4m，但是对于突出于地表，打开状态下的双扇交叉型雨水算子可以缩进盲区距离 1.2m。进一步地，倒车雷达测试可以在 1.1m 左右感知到突出于地表的打开状态下的双扇交叉型雨水箅子。上述实验说明，双扇交叉型雨水箅子在打开状态下构成了明显突出于地表的路障，容易被识别。这也证实双扇交叉型雨水箅子在立起后具备警示功能。

车辆碾压实验时，把实物产品平放于公交站台外缘公交车轮迹带。与公交车司机协商，观察反复制动与起步下的状况，除此之外，观察公共汽车反复碾压后的情况。实际公共汽车碾压结果如下：实物产品无明显变形，无结构性损坏，经十多辆公共汽车停靠与碾压作用后，依然可以正常开合使用。进一步地，采用砖块在两端支起，四五个学生抱团站在箅子中部进行稳固性的检验，也未见箅子损坏。这说明，该箅子的强度能够满足非重载车辆的通行需要。

五、市政应用

委托襄阳市政公司在樊城区牛首某断头路试安装，结果由于断头路边经常停靠大货车，不到半年，大部分雨水箅子基本损坏。这说明，没有横向加强肋，承担不了更大轴载。如果要适应更大荷载，就需要在井圈内加一个横肋，另外在单侧箅子表面加一个横肋。显然，改进是基于工程需要，是在工程实验基础上发现的需求。实际应用证明其不能适应重轴载车辆，显然是找错了应用场景。棚户区改造、城中村改造，不仅有建筑立面，更多采用的是场地排水系统，这里的排水系统不需要承担很大的交通轴载，但是需要应对超标雨水的应急排放要求，双扇交叉型雨水箅子正好具备这一功能。需要与工程设计单位及使用单位对接，扩大产品应用。

第五节　小产品开发路径

　　小产品开发大致有三个阶段：概念设计阶段、详细设计阶段、生产销售阶段。概念设计阶段，主要是根据市场需求调研与技术可行性分析，在大局观指导下确定小产品的框架，即必要技术特征与基本功能，设计上或有缺陷。详细设计阶段，主要基于概念设计成果，在整体观指导下进行技术集成优化与性能检验，确定新产品的技术参数，包括技术优化、样品制作、性能测试。生产销售阶段，根据产品数量多少，分为小规模生产阶段与增量生产阶段，其中小规模生产阶段主要是组织与实施，在市场观指导下进行生产与销售，具体体现为工具、材料、人员的组织，一定数量的产品，以及交付不同用户后的体验效果反馈。进阶到增量生产阶段，主要是扩大生产，减少边际成本，对接市场追求规模效应。

　　离开材料与工具，很难把设计构思与专利实物化。"巧妇难为无米之炊"，产品化实践需要材料与工具，如设备、仪器、实验室等。高校院所的省部级以上平台多是开放性的，便于简单仪器设施的获取；制造型企业也多有车间与成熟工人，能方便专利的转化。3D打印技术有助于以较低价格构架物质模型，但在结构间的结合以及工作机理的展示方面有所欠缺。如湖北文理学院开发"双扇交叉型雨水箅子"，采用3D打印技术制作缩尺的模型，每个成本在200~300元；与此同时，与合作企业在河北邯郸制模与生产球墨铸铁的足尺产品60件，成本在2万元。缩尺模型方便携带、展示与交流，但只有足尺实物产品才能满足工程应用性展示。很显然，雨水算子的产品化融合了实验室打印与工厂车间两个平台。在"2017 年湖北文理学院专利物化大赛"中，部分产品实现思路巧妙，部分同学网购成熟产品拆分后再进行实验室改装，较好地降低了产品实现的难度与成本。如产品"可调重心的网球拍"与"磁吸式手电筒"，均是对既有产品的改造式开发。又如产品"粉尘吸附装置"借助了木匠加工。总之，多平台的融合服务把学校与社会工匠或车间结合起来，实现专利文本的实物化，更好地完成了实验，有助于产品特别是实用型小产品的开发与创造性培育。

仅一个专利证书，无法较好地展示结构与功能，缩尺样品比平面媒介作品直观，所以信息的表述更有效。进一步地，实物产品为企业节约了初步验证的成本，并增进了技术实现的可靠性。在样品与实物生产过程中，可以开展实际的性能测试并进行后续优化；专利技术产品化（缩尺样品或实物产品），技术层面问题得到解决，基本就跨进了应用市场的门槛，剩下的事情就是企业扩大生产与商品销售，从而实现转化的根本目的。

第八章　转化瓶颈分析与对策

　　《中华人民共和国促进科技成果转化法》修正案通过之后，规定"国家设立的研究开发机构、高等院校对其持有的科技成果，可以自主决定转让、许可或者作价投资"，"完成人和参加人在不变更职务科技成果权属的前提下，可以根据与本单位的协议进行该项科技成果的转化，并享有协议规定的权益"。在修订案征集与酝酿之时，湖北省在 2014 年初出台《促进高校、院所科技成果转化暂行办法》，推出"高校、院所研发团队在鄂实施科技成果转化、转让的收益，其所得不得低于 70%，最高可达 99%"的政策。虽然政府已经大幅度减免高校专利权人的维护年费，但申请人不再寻求法律保护或让专利沉睡，客观上表明了高校专利转移难。❶ 高校是专利与论文的创造主体，无论是自然科学基金项目还是其他重大专项，在成果数量与质量的要求上是简洁明晰的，但是对于技术成果转化涉及较少。整体而言，在项目与考核层面要加强对成果转化的重视程度。

---

　　❶ 虞斌．新形势下中国高校专利管理问题分析［J］．中国高校科技，2016（4）：10－12；杨婷娜，舒云天，徐磊，等．云南省科技成果转化的现状及思考［J］．经济师，2018（6）：152－153；沈健．我国大学专利转化率过低的原因及对策研究［J］．科技管理研究，2021（5）：97－103．

对于专利技术，可以有转化合同，也可以有专利产品与应用证明。创新要根植于我国实际，并最终应用到社会生活、生产中去。

第一节　政策鼓励技术转移

根据《中华人民共和国促进科技成果转化法》（以下简称《促进科技成果转化法》）规定，"科技成果，是指通过科学研究与技术开发所产生的具有实用价值的成果"；"科技成果转化，是指为提高生产力水平而对科技成果所进行的后续试验、开发、应用、推广直至形成新技术、新工艺、新材料、新产品，发展新产业等活动。"《促进科技成果转化法》明确规定转化方式有以下几种：（1）自行投资实施转化；（2）向他人转让该科技成果；（3）许可他人使用该科技成果；（4）以该科技成果作为合作条件，与他人共同实施转化；（5）以该科技成果作价投资，折算股份或者出资比例；（6）其他协商确定的方式。由此可以判断，成果转化是基于既有的科技成果，形成推动生产力的后续技术性工作。根据《实施〈中华人民共和国促进科技成果转化法〉若干规定》，国家鼓励研究开发机构、高等院校通过转让、许可或者作价投资等方式，向企业或者其他组织转移科技成果。很显然，规定将转让、许可或作价投资明确地定性为技术转移，是促进成果转化的初级阶段。专利数量作为重要的评价手段，延伸出基于所有权转让或实施许可的成果转移率指标，以供基本的参考。

第二节 转化瓶颈分析

一、专利布局需要

规模以上企业，尤其是高新技术企业进行技术储备与保护，鼓励专利创新，其中不少企业已经成功享受到专利实施与许可带来的红利。这类企业虽然是创新主体，但是每一笔宝贵的科技投入带来的创新成果，基本都要经历其完整的生命周期，或者说，要收回其科技创新成本并取得预期收益。这导致不少处于前沿的专利技术，实际上处于专利布局状态，❶ 却并没有实际投入生产应用，而只是占领技术高地，待未来根据市场竞争环境进行调整。毋庸置疑，专利布局的目的是确保未来的市场地位。

对于擅长专利创新的科技工作者而言，由于在专利申请前不需要实际验证，也就不需要实施产品化，所以成本相对要低得多。鉴于欧美国家在世界贸易中挥动着知识产权武器，我国正大力促进知识产权事业发展，专利申请、实质审查与维护等费用已经有较大的减免。一些擅于市场布局的专利达人或公司，主要做前期的专利申请与维护，并不实际实施专利，他们等待专利需求方找上门进行转让，或者待市场应用相似技术后去控告侵权方。业界俗称后者为"专利流氓"❷，其主要分为两类，一类是的确

---

❶ 李一玮. 三一重工的专利布局态势分析［J］. 现代商贸工业，2017（2）：134 – 135.

❷ 刘静. 论我国对"专利流氓"的法律规制［D］. 湘潭：湘潭大学，2015；文鼎宏. 阻碍创新发展的专利流氓［J］. 科学大观园，2016（12）：4 – 7.

没有实力实施专利应用，另一类是专门依靠市场布局盈利。不论哪一种，都要牢记知识产权在国际竞争中的重要地位，有了高瞻远瞩的专利市场布局，就会有相应的标准布局，也就会有相应的市场份额。对于在国内应用，应该做好与市场监管部门的沟通协调工作。与此同时，要审视刺激高校海外专利的意义，可能并不同于企业出海。

二、导向与应用属性

专利申请目的主要涉及工作考核、转让预期、兴趣爱好、产品开发等。对于高校院所发明人，申请目的侧重度由高至低为工作考核、转让预期、兴趣爱好、产品开发。对于企业发明人，申请目的侧重度由高至低为工作考核、产品开发、兴趣爱好、转让预期。显然作为职务发明人，工作考核是专利申请的根本，转让预期是高校院所发明人的催化剂，产品开发则是企业发明人的催化剂。申请与授权是考核依据，也是转让交易的基础。与高校院所不同，企业需要组织产品生产创造利润，企业发明人专利工作的出发点更趋近于产品导向。对于高等院校，发明专利评价直观且简单，是项目结题、职称晋升与社会荣誉的重要量化性评价指标之一。高校重视发明专利，是顺应技术创新的需要，也是服务地方的需要。根据武汉大学科教管理与评价研究中心"2022年国内高校专利500强"榜单，浙江大学以3332件名列第一，东南大学以2742件名列第二，山东大学以2092件名列第十位。与此同时，根据高职发展智库消息，2022年全国613所高职院校发明专利授权量为6858件，校均约11件；重庆工程职业技术学院以175件位居全国第一。统计数据清晰表明，高职院校的应用属性还需特别加强。

高校专利创新的初衷并不一定以市场应用为出发点，转化难主要在于专利自身的应用属性。科技人才或有书卷气，对市场缺乏敏感，对行业软硬条件认知不全。与大企业的科技人才不同，高校院所相对距离市场较远，且行业认知相对片面，其专利技术体现的理论高度只代表了学术地位，并不一定具有导向价值。专利应用属性差，或源于发明人在形成专利的过程中缺乏产品意识。大量的博士、硕士由高校培养出来后或留在高校，或走进企业，在基础知识方面是专家，在企业技术层面却是"小白"；在专利申请方面是专家，在转化应用方面却是"小白"。通俗地讲，专利成果不接地气，经常是理论上可行，实际应用会有一堆问题。另外，由于职称激励，不排除专利代理师与发明人配合，只求符合授权条件，不求转化应用的可能。

三、行业伯乐缺失

有不少专利成果有一定技术水平，但是与接洽的对象企业实际需求脱节，难以转化应用。企业是否需要，发明人并不知道，目标企业有何种程度的需要，更是难以把握。某高校发明人申请了弹簧补偿器的发明，属于电气化铁路接触网或承力索及软横跨的恒张力补偿装置。该装置利用阿基米德螺线原理与力臂相等原理，理论上行得通，但是在实践操作上并不适应荒郊野外的电气化铁路接触网。成果转化不能守株待兔，需要适度主动出击。在转化环节，发明人多没有时间与精力去从事转化，高校教师则将更多精力放在教学与科研上，较少有动手实践的机会。这客观上反映了发明人对应用领域的生产与销售的陌生，或者说信息渠道严重不畅通。没有时间与精力琢磨转化应用，实质上是从事转化过程的人力资源缺乏。

专利技术交易，实质上是商品的买卖关系，有了类似商贩作用的技术经纪人❶能够更快地促成技术交易。通用型技术经纪人更多促成普通的技术交易，而高端技术交易可能还需要技术领域公认的理解专利价值的行业伯乐接洽供需双方。当前所谓的成果转化经纪人更多擅长专利知识、销售知识与谈判等商业知识，但欠缺对细分行业的技术理解与市场适应认识。只有专利产品所属行业内的成果转化经纪人，才具备把专利技术由证书到中间物化试验的产品，再到市场商品的所有环节打通的能力。这类人之所以被称为行业伯乐，主要源于其根植于专利应用领域，熟悉技术要求与市场接入。也只有这类人，能够缩短转化应用周期；也只有这类人，能够建立专利持有人与生产商之间的信任。如雨水算子专利由发明人单纯地找铝合金制品公司加工，具体的行业标准需要去熟悉，具体的市场客户需要去对接，增加了转化应用的难度；但是当找到行业伯乐后，对接到合适的算子生产商，一下子就打通了生产与销售两个最为重要的落地实践环节。

四、小试资金不足

对于发明人而言，专利创新更多地出于兴趣爱好与预期的转化价值，有不少专利达人把专利技术自主推向市场来实现自己的小目标，如襄阳的贾安生与马洪德各自开发防盗井盖并自主成立

❶ 袁晓斌. 科技成果转化与科技成果转化人才队伍建设研究 [J]. 中国高新技术企业，2010（19）：5-6；杨金龙. 打造和完善中关村高层次科技成果转化人才体系 [J]. 北京观察，2017（8）：5.

公司经营产品。他们原本就来自相应行业，能够快速地进行实验。相比之下，高校院所的创新人员并不来自技术行业领域，长于技术开发，短于产品开发与工艺开发，从创新到制造的过程转变难以简单地实现。

实验成本是必须要解决的问题。由于转化要耗费成本，如果连人力资源成本与产品试制成本都吝惜，那距离市场就更加遥远了，除非是产品有"酒香"能外溢。雨水算子得以由专利证书变成实物，主要是得到了湖北省知识产权局项目的资助。与行业伯乐谈判的转化成本是2.4万元，全部用于开模与试制批量样品。在2017年湖北文理学院专利物化大赛中，大部分学生负责制作小产品，直接以学生劳务费包干支出，一般在800—1600元。当前各种大学创新创业赛事很多，一般是学校作为创新主体，由指导教师等人力资源主导，大学生配合，并有实验加工成本。以湖北文理学院的"抗风式双幅盘立体停车库"与"环保型草坪伸缩停车位"技术为例，师生的人力资源投入与必要的实验材料资源等研发成本并不是一个很大的数字。这基本上证实了简微专利的模型或实物的低投入特征。

五、投资过大

伴随人力资源的集聚与网络的深入调研，再加上国家财政资金对纵向科研的支持，高校院所部分团队实现了一定程度的综合集成化，在某些领域形成准高价值专利或趋近于高价值的专利。科技部的重大专项，原本就是针对核心技术领域或战略领域，有相对具体技术突破的目标考核要求。但是基于高投入与高目标下的专利成果，在应用时一般也离不开高投入与高端装备，转化应用的成本过于庞大，普通企业一般承担不了。成果转化有风险，离不开经费投入。❶ 如有些加工企业的数控机床，无论是进口三菱、西门子抑或国产的华中数控或广州数控，其既有平台系统可能是在 2005—2010 年购置的，到了 2020 年就显得比较落后，难以与新的专利技术匹配。应用新的专利技术，就要淘汰旧平台，客观上，也导致一些具有市场前景的专利技术在企业成为"花瓶"，很好看却难以实施。如襄阳某企业转化液冷服，核心基础专利与试生产出成品就耗资 300 多万元。与此同时，转化自动泊车系统主体停车库项目耗资也不是小数目（机械主体停车库一个单位接近 10 万元）。

六、持有人惜售

有时，专利创新成本并不是很高，发明人在拥有正常生活来源情况下，并不急于转化以贴补成本。即便成本比较高，也可能是有财政经费支持的项目研发成果，发明人选择的转化应用方式主要是待价而沽，有些申请人，尤其是重点高校或为避免资产流失，限定了发明专利转让的最低门槛（一般多为 5 万～10 万元）。这时就产生了两个问题：一是好酒也怕巷子深；二是一刀切的定价导致企业望而却步。

很少有人会把不同专利技术主动划分为上、中、下三个等次。事实上，发明人自身也很难对自己的成果进行合理定价，这也决定了发明人不能自产自销。普通市场上产品的价格比较容易由市场供求与生产成本共同决定，但是专利交易市场并不是那么

---

❶ 吴寿仁. 科技成果转化若干热点问题解析（十五）：如何选择科技成果转化方式 [J]. 科技中国, 2018（8）：48－57.

透明。不仅如此，应用专利的成本或可能较高，并不能确保投资的回报，由此专利也不可能像市场上的白菜一样论斤买卖。但是，菜市场上大部分菜品都能被双方以合理价格进行交易，主要得益于菜是必需品，同时菜农既不惜售也不囤积。专利持有人应该考虑到转化应用的投入与市场风险，不仅要降低标的价格预期，甚至还需要倒贴资金，支持应用检验与免费参加初期应用与市场开拓中的技术攻关。

七、市场调研不足

伴随创新驱动走进高校，一般高校都设置有创新创业训练项目。创新项目的结题形式无外乎发表论文、提交调研报告、申请或授权专利等，这类项目的初衷是培养大学生创新能力，因此对创新项目的市场前景考虑或有不足；同时局限于有限的资金支持，也难以做详尽的市场调研。事实上，一方面，多数专利只是为解决现实问题提供附加的解决方案，也不可能是唯一解决方案。另一方面，高校专利有的是为创新需求而生，并不是为市场需求而生，专利创新先于市场，而不是市场引导专利。若没有市场，即使由专利转化为产品，该产品也难以变成商品。洗虾机的发明正是因为武汉大虾市场需求旺盛，企业才考虑专利技术入股。

以北京某交通类科技公司的高强铝合金防眩板为例，开发产品前做了市场调研。市场容量分析：中国高速公路防眩板设计间距为 1 米，以总里程 13 万千米计算，假设 20% 采用了防眩板，那么正在使用的防眩板超过 2500 万块，而按照平均 5 年的使用寿命周期，预计年度要更换防眩板 500 万块。在经济可行性方面，现有 PVC 防眩板价格较低，单片成本在 18~20 元，使用寿命在 3~4 年；现有玻璃钢防眩板价格较高，单片成本在 24~30 元，使用寿命在 5 年左右；现有钢质防眩板价格较高，单片成本在 25 元左右，使用寿命在 10 年左右；新开发的铝合金防眩板价格更高，单片成本在 35 元左右，设计使用寿命超过 20 年，并且可回收再用。当前新能源汽车发展迅速，轻质化与高强化导致可再生的铝合金产品需求增加。铝合金材料符合现代交通绿色环保节能的要求，具备市场前景。有了充分的市场调研，发明人才能果断投入开发资金，并沟通事业合伙人进行市场拓展。

市场分割已然如同井田一样，具备了牢固的非技术壁垒，对于替代性多选方案，因为受制于使用习惯与偏高的新产品成本，很难得到生产方的批量生产与使用方的规模性试用。即使发明人有资金可供使用方免费试用，也可能因为信任等问题而得不到实际的反馈。这一点不难理解，可以说，市场壁垒是成果转化无法逾越的障碍。

第三节　转化对策

成果转化在各层次上的意义已经被提高到了前所未有的高度。高校院所一般设有成果转化领导小组，主要负责政策落地、组织架构、人力资源保障等工作。除此之外，还有基于互联网的技术交易平台，权利人发布专利技术，企业方面则发布技术需求。专利库的信息是公开的，只要企业愿意，就可主动浏览并获取必要的技术信息。这些多数停留在知识产权服务层面，主要工作是技术转让交易，并不是形成产品的必要环节，因此也不能有效解决转化应用。

科技成果由技术秘密、专利证书等转化为现实产品或生产力，并实现其市场价值，离不开实验室的实验检验，即技术可行性的实证研究。脱离实证的创新思想，仅停留在方案层面、概念层面或规划阶段，充其量是证书化的构思。实证过程必须保证小规模试制资金，无论是大学生产品化实践，还是教师的自主转化实施，当初级实物产品呈现出来时，均体现了技术型人力资源与实验资金的重要性。拥有职务专利的高校院所必须充分尊重发明人的劳动，无论转化成功与失败，最起码的劳务成本与材料成本必须保障。生产企业的行业工程师弥补了概念设计的缺陷，实证过程最好团结行业伯乐参与（他们更熟悉细分领域技术细节与行业标准），能对接试制工厂与工匠从而加速实证，同时便于与市场对接。

科技成果转化的核心是企业，最终要到企业中落地，高校院所或者专利发明人必须与企业建立良好关系。一些专利技术是基于发明人兴趣或政府支持的研发项目产生的，市场需求并不迫切，不妨以实施许可方式让渡一定使用权，由产品领域的合作对象组织实验性生产乃至做进一步的功能改进。如湖北文理学院的"一种地下蓄水方法"或"一种土壤坡面排水方法"以免费许可方式获得宜昌企业的使用。当初级产品获得企业肯定，企业必将推动其进一步地技术完善与市场推广，转化应用自然水到渠成。当然，发明人走进企业挖掘创新要素，以订单方式开展技术创新，也能加快专利转化。脱离了企业这块土壤，专利更多体现为证书等成绩上的形式。纯粹新生事物非常少，大量企业在同台竞技，替代性成果在市场饱和时不便于转化应用。只有首创性成果才具备转化的迫切性并能实现超额利润，也最容易在资本市场找到伯乐。如气垫鞋的成功，更在于发明人找对了耐克这个合作对象。

科技成果由证书变产品，再由产品变商品，离不开市场开拓。企业比高校院所的发明人更擅长市场推广，市场开拓不仅要求销售发挥职能，更在于产品研发前的市场调研。人们对产品的需求如何，进入门槛如何，竞争力在哪儿等问题都需要统筹考虑。做好产品市场需求调研，才能够较有针对性地实施创新。高校院所擅长理论与技术（能够想到），但短于实践（不能做到），对市场感到较陌生。各司其职，效果会更好，发明人尽可能创造出好发明，销售人员主要负责找市场。

事实上，在进行成果转化时最紧要的素质是执着，没有敢闯敢干的创业精神，普通的发明人很难把思想转化为应用。解决愚公的困扰，在现实社会有多种可行方案：盘山公路加垭口、隧道直通与异地安置。不要因为"愚公移山"的工程可行性分析束缚了创造的手脚，在新时代，创新者最为可取的"愚公精神"就是与企业联合条件下的少说多干。"不敢暴虎，不敢冯河"，瞻前顾后，畏畏缩缩，基本上看不到新东西。成果转化就是要干起来，行动起来，主动联合愿意承担生产开发风险的企业，将专利产品投入应用。

第四节　专业人才分工

一、稳定经纪人

在互联网经济大行其道之前，市场基本体现为"无农不稳、无工不富、无商不活"。无数商贩活跃于商品流通，满足了社会需要并发展了经济，商人的作用不必质疑。在专利交易领域过于强调技术经纪人，不一定能带来转化效果，因为没有新东西问世，便难以促进生产力发展，经纪人促成的转让交易在格局上不能等同于转化实践，更多体现了技术交易流量，即现金流，只有转化才能将技术变成现实。技术经纪人以专利中介为职业，只落实买卖关系，对技术本身及技术变成产品的预期无法把握。以白酒销售商做比，白酒不仅是产品，而且行业相对单一，同时公允价格已经得到市场确认，交易过程可以说是相当透明。但是专利不一样，技术分布在不同的行业领域与不同的市场主体，不仅难以形成市场公允价格，而且转化成产品的成本及预期市场还需要考量，这些只有企业才能落实。技术经纪人应该熟悉所在的行业以及交叉行业，方能做好交易磋商业务。

二、尊重发明人

注重专利质量的发展方向是正确的，而把专利申请门槛抬高，无疑又会降低发明人尤其是普通发明人的创新热情。当前取消专利申请奖励与授权奖励的呼声已经得到较好的落实，有些已经转向支持与激励专利转让。如果限制普通发明人或弱势发明人的申请权，会提高专利质量，但也会让某些实用构思或伟大设想失去保护，尤其是不利于职业技术体系创新型技工人才的培养。如国外一项发明采用黑色塑料球投放到水库，以防止水分蒸发和藻类滋生，技术原理与技术特征都很简单，所有人都能明白，但在申请时或有可能被质疑非保护创新。发明人也应不断地成长，不能将创意夭折在摇篮中，因奇思异想或有可能在未来证实。

三、激励转化人

根据 2020 年《人力资源社会保障部办公厅关于进一步做好民营企业职称工作的通知》，专利成果、技术突破、工艺流程、标准开发、成果转化等均可作为职称评审的重要内容。在"破五唯"推进中，弱化论文与专利数量并增加成果转化的分量，会使低质量专利申请与灌水论文大幅度降低。在高新技术企业的认定中，降低专利数量权重与增加专利产品数量权重，将促使企业转化优先，那么低质量专利申请也会大幅度减少。转化人（团队）来源于行业领域，熟悉技术规格、生产平台、市场环境，本身已经有一定的技术背景，只是缺少创新设计以支持可持续发展。转化人拥有专利技术的判断能力，能够少走弯路，快速推进专利技术的实践应用；转化人也拥有对市场的预期，对专利技术持包容态度，并希望实施专利技术获得新的利润。简单地说，转化人可以推进专利证书到中间产品（服务）再到生产应用的整个成果转化链条，完成专利技术由证书成果向生产力的转变。成果转化需要发明人与转化人的共振，需要扩大转化人规模。

湖北文理学院 2021 年度教师系列教授职称评审条件明确有"主持完成横向科研项目（含科技成果转化项目）取得良好的经济效益或社会效益，得到委托方（转化方）认可"为业绩条件。这一原则性描述不容易实施，如"得到转化方认可"是一个原则性界定，一般认为大型国有企业、上市公司或行业协会的评价更重要。又如"经济效益或社会效益"是否显著、良好或重大，更不好量化把握。技术所在的行业不同，所处的开发与市场阶段不同，效益有高有低；即便动态界定，也需要参考标杆，不能简单地把 50 万元、100 万元或 1000 万元定为良好、显著或重大的门槛，否则搞成技术交易 GDP，也不能导向实际转化。这需要多个相对权威的第三方评价（经济社会效益），并进行综合。

根据 2021 年度湖北省工程系列路桥、港航专业技术职务任职资格申报评审条件（鄂人社职管〔2021〕2 号），正高级工程师专业技术应用明确为"主持研制开发的新产品、新材料、新设备、新工艺等已投入生产，实现成果转化，取得显著经济社会效益，并通过省（部）级以上行业主管部门鉴定或验收"，正高级工程师学术科研成果明确为"主持完成 2 项以上省（部）级重大科研项目；作为第一发明人获得 2 项以上国家授权的、与本专业相关的发明专利，或作为第一完成人获得国家授权的、与本专业相关的 4 项以上新型实用专利、外观设计专利或软件著作权"。浙江省人社厅在 2021 年 5 月出台相关政策，关于可直接申报正高级职称涉及"主持且获得授权发明专利 4 项以上，并实施转化，取得显著的经济和社会效益"。湖北省要求的成果转化（产品开发等），不仅要取得经济社会效益，还要获得鉴定或验收，职称评审应进一步向转化人倾斜。

第五节　评价引导

高校院所擅长做项目、写论文以及产出专利，各类大学排名也多是以国家级项目数量、省部级项目数量、高水平论文数量（尤其是 SCI）、发明专利数量为基准。相比于专利，工程技术人员多数在理解 SCI 文献内容上或有困难。随着知识产权强国强省建设的推进，在专利申请量排名与发明专利授权量排名之外，还增加了成果转化率（转移率）指标。林珏在《高校专利实施率

较低的原因及建议》❶ 中建议高校评价将科研成果（包括专利
等）实施率引入评价指标体系。这是一个积极动向，之前实施率
一般是所有权转让或实施许可两类交易的专利数量占有效专利数
量的比值。只是所有权转让或实施许可仅仅是技术成果作为商品
属性的买卖交易，并没有付诸实践，也不可能直接产生生产力。
因此，现阶段以成果转化率为内容的成果转化指标应该进行适度
修正，可考虑增加专利产品率指标考核进行高质量成果转化的引
导。事实上，高校院所在统计指标中，基本没有包含主持开发专
利产品数量、协助企业（基于高校专利）开发专利产品的数据。
其实更应该引导高校院所担当起成果转化的责任。

　　前沿科技成果转化、重大科技成果转化，都有着较大技术难
度与不确定性，集合众多资源，承担巨大风险，普通企业与普通
人员胜任不了。宽面域的成果转化离不开广泛的市场主体参与，
实用小产品构成普通成果转化，也会大有市场。在淘宝、天猫或
京东等平台上，同一主要功能的差异性产品比比皆是，在细分领
域各有千秋。襄阳国家电网公司娄先义，热爱技术创新，在生产
一线琢磨钻研，做了大量的改进型小产品，不仅申请与授权实用
新型专利，而且在国网系统得到了广泛的应用。搞成果转化不能
崇大贬小，刺激普通企业尤其是中小微科技企业分享知识产权，
更易在实用小产品转化上得到肯定性支持。职能部门可以开放市
级与省级产品开发项目引导企业配套资金，可以利用政府津贴与
"五一劳动奖章"等荣誉表彰转化人。

　　评价引导还宜提前到专利申请阶段，那就是刺激校企共有的
合作专利。高校院所擅长理论研究与基础专利，企业长于实践技

---

❶ 林珏. 高校专利实施率较低的原因及建议［J］. 中国国情国力, 2017（7）.

术与市场对接并有投资冲动。企业没有以申请人身份参与的专利，不仅技术对接市场的精准性有缺陷，而且要承担成果转化的交易风险。支持校企共有专利权，不仅可融合理论与技术提高专利质量，而且可降低企业成本，扩大专利的落地实施。随机地抽取某重点高校与普通高校授权的前十件发明专利可以发现：企业分享高校专利申请权的参与率不超出 30%，企业参与重点高校专利申请的比率则不超过 10%，普通高新技术企业基本没有高校参与合作专利申请。毫无疑问，如今企业参与高校专利少，或高校专利脱节于市场需求，失去了市场属性。政策引导校企共有专利权，或能弥补高校创新不接地气的缺陷，并实质地引导高校院所科技人员进入企业。

第九章　基于专利的创业路径分析

早在 2014 年夏季达沃斯论坛上，时任国务院总理李克强提出：在中国 960 万平方公里土地上掀起一个"大众创业""草根创业"的新浪潮，形成"万众创新""人人创新"的新势态。2015 年国务院政府工作报告提出"大众创业，万众创新"。创业不仅促进了投资、扩大了就业、推动了技术进步，而且增进了消费、扩大了税收，可以说是利国利民。专利价值的实现离不开转化应用，离不开创新的推动，如今"双创"已经孵化了无数中小微企业，更有高质量的企业与企业家群体在商海锤炼中脱颖而出。在推动传统产业转型升级、加快新兴产业培育以及促进成果顺利转化方面，"双创"都有不可替代的作用。

第一节　专利运营公司的生存路径

专利运营模式❶包括服务型、融资型和资产型。服务型公司提供平台匹配客户达成技术交易，如国家技术转移中部中心提供

---

❶ 王研，郭万红，刘博，等. 专利运营模式分类及国内外专利运营分类对比分析［J］. 科技管理，2017（11）：7－11.

技术、人才等科技资源的供需对接服务。融资型公司主要是以高
价值专利作为抵押物获得银行类金融机构贷款，如襄阳市对贷款
利息进行贴息、对评估费进行补贴。资产型公司以所持有专利资
产获取收益，包括防御型以及典型的攻击型。专利流氓公司❶采
用攻击型运营，是指那些没有实体业务，不直接实施专利，主要
通过积极发动专利侵权诉讼或滥诉，给被诉人造成困扰而生存的
公司。专利流氓公司具有四个共同特征：第一，不生产任何产
品；第二，多数依靠低价收购破产公司得到专利；第三，普遍针
对知名的大公司；第四，借壳暗中出击。❷ 这类公司对实体企业
投入巨资、把创意构思变现为实物的产品开发过程的积极性存在
巨大威胁。可以说，没有生产验证就强占巨额创造利润的不良行
为，不利于成果转化。当然，不体现创意构思的劳动价值也不能
引导源头创新。专利流氓公司一般自己不创造财富，其利润基于
从其他公司获得；主要措施有：第一，发起侵权诉讼，主张实体
公司支付赔偿费；第二，与实体公司协商，要求对方支付高额使
用费，或分得一定比例的公司收入或分红。❸ 全球不少机构和个人
对某头部手机公司就提出过一系列专利侵权诉讼，包括外观设计、
内容版权、操作系统、搜索产品等，要求法院判决其侵权并进行
相应赔偿。随着中国企业"走出去"的持续推进，华为、中兴等
公司越来越多地正在遭遇或即将遭遇专利流氓公司的伏击。

除却生产性企业提前做好专利规划，依靠专利围墙或专利丛

---

❶ 杨延超，吴烁. 防止"专利流氓"对创新的阻碍 [N]. 经济参考报，2018 -
01 - 17；黄河. 警惕专利流氓 [J]. 企业研究，2018（11）：50 - 53.

❷ 代丽洁. 要把"专利流氓"关进法律"牢笼" [N]. 中国知识产权报，2017 -
06 - 07.

❸ 黄河. 警惕专利流氓 [J]. 企业研究，2018（11）：50 - 53.

林式布局防患于未然之外，更需要完善的法律支持。政府或行业协会可以积极开展专利预警工作，❶ 引导企业应对知识产权纠纷，同时建立专利联盟在业内共享。对知识产权的保护，应该要在创意构思与转化应用之间取得更为广泛的共识。毫无疑问，创意构思与转化应用几乎同等重要，两者都耗费资源，都投入了创造性的无差别劳动。

部分专利运营公司自己申请专利、维护专利，同时从事基于专利的成果转化，但是并不以恶性的侵权讼诉为生存路径。这类科技公司主要是集中人力资源进行技术创新，在行业的某些领域进行专利布局，并依靠实施许可、所有权转让、专利入股或专利证券化等获取收益。这类企业需要专业人士自主提交专利申请，按时缴纳专利的申请费、实质审查费、授权登记费与维护年费等；同时需要在合同起草与审查上需要较高的专业知识，实施许可与所有权转让都需要合同签订与备案。一般情况下，发明人与转化企业结合后，会加快专利技术的落地实施。这类专利利益共享方式，对中小企业与小微企业具备便利性。现在，不少孵化器重点在于企业孵化，同时应该重视知识产权运营。有些现金流充分的个人或企业，已经或正在谋划布局专利，以便锁定未来利润。这类企业成本可控，主要是申请专利成本（一般有自己的技术型创新队伍）、专利维护成本（年费）、专利购买成本（以每件1万元左右的价格收储高校院所刚缴完2~3年年费的新近授权的专利），但其预期利润并不明朗。

---

❶ 蒋雯雯. 企业应对专利流氓策略研究［J］. 现代商业，2017（1）：262–263.

第二节　基于专利的企业发展

一、技术创业注意事项

创业不是追求潮流，要认识失败，要不惧失败。影响创业成功的因素非常多，如创业者自身的素质、团队素质、创业资源的获取能力、风险识别与控制、创业机会的识别与开发、商业模式选择、融资能力、企业经营管理能力等。这些都会对创业成功与否产生一定的影响。不尝试、不担当，不可能成功，盲目尝试则有可能头破血流。创业要脚踏实地，来不得浮夸与虚伪，开面馆、开宾馆、做餐饮、做销售，行行都有门道，成本、利润、风险都有所不同，必须坚信总有适合自己成长的道路。基于自身创业素质测评，结合市场需求调查，再结合专利技术评估，以"精细创业"开始摸爬滚打，创业成功的概率会更高一些。很多的技术创业者往往拥有很多专利技术，但是缺乏商业思维，他们追求的是将产品做到极致，而不擅长成果转化，或者发明成果不具备市场价值。如果政府或者某些管理机构能提供一个资源对接平台，采用撮合的方式，将有助于创业者整合资源，找到更加有效的创业路径，实现创业成功。基于知识产权转移的孵化器为创业提供平台便利，让投资者找到好项目，让创业者专注于项目，让新型服务业致力于创业服务。

二、民营企业与专利的关联性

我国经济发展能够创造中国奇迹，民营经济功不可没，不仅扩大了就业、贡献了税收，而且提升了国家形象，并创造了难以想象的生产力。华为、京东、腾讯等响当当的名字，不仅是"500强"，更是技术研究与产品开发的梦工场。数据显示，华为技术有限公司名下专利信息已超10万项。很显然，为了持续生存与发展，民营企业离不开高质量专利技术。

专利对于初创型、技术密集型企业的生存与发展具备得天独厚的优势，没有先进技术，难以冲击既有的被细分或被垄断的市场。专利对于积极进取型企业，更在于预期市场的布局与分享。毫无疑问，知识产权价值的不确定性早已变革了代工生产型创业，或者说，因为知识产权介入企业，导致企业的活力变数增加。根据《中国民营企业社会责任报告（2022）》：截至2021年年底，我国民营企业数量达4457.5万户，占全部企业数量的92.1%；民营企业进出口额19万亿元，占我国外贸总额的48.6%；民营企业贡献税收收入9.8万亿元，占企业税收总量的59.6%；2021年，规模以上民营工业企业专利申请数占比82%，2021年我国发明专利授权量前10名中，民营企业占据7名。相对应的，根据天津、广州、上海等地的统计，民营企业申请专利数量占到整体申报数量的70%~90%。以上数据均表现出民营企业对专利的重视程度和投入程度都在日益提升。保护知识产权，是维护市场经济公平竞争的定心丸，是激励国民创新发展的助推引擎，是民营企业走向发展壮大必须遵循的规则。

必须清醒地认识到，民营经济增长的数量指标，不能代表其经济发展的质量指标。当前民营企业，如同高校院所一样，在专利问题上仍然需要下大力气提升专利申请质量与成果转化质量。具体要求如下：一是要提高对专利价值认知的高度和深度，企业作为市场的开拓者、专利纠纷的当事人、专利战略的实行者，必须以一场全方位的变革来应对，要对企业自身专利资产做好全面的规划布局，及时申请、评估、购买，主动构造专利集群，夯实有利于企业占领细分市场的技术高地与品牌壁垒。如浙江某公司2018年推出的具有 CT 检测功能的电热水器，迄今已获 7 项国家专利。又如上海同济孵化器的某信息技术公司，在大屏幕拼接上耕耘多年，累计申请"裸眼 3D"技术领域发明专利 7 件与登记软件著作权 2 件。二是要了解国内外专利保护的相关规则，系统推进建立企业知识产权体系，建立企业内部知识产权专门部门，一方面有效维护自身权益，争取专利侵权过程中的主动优势；另一方面防范竞争企业专利大棒的攻击。如温州某集团股份有限公司以专利侵权为由，将天津某电气公司与宁波某电气公司告上法庭，要求停售并销毁 5 个型号的侵权产品，并提出 3.3 亿元的索赔，最后达成庭内和解，终止诉讼。在国际化不断推进的今天，知识产权领域的纠纷越来越密集，发达国家已经将专利维权变成市场竞争的常规武器，无论是正在成长壮大的企业，还是"走出去"的企业，都要学会化被动为主动，积极预先布局知识产权，预设行业产品标准和规则，有效提升企业产品附加价值，保护企业品牌和市场。

三、项目式创业孵化

无论是小企业还是大企业，单项专利技术或多项专利技术的集合，都可以打包为项目进行独立孵化。这种孵化基于众创空间的平台或企业平台，但以项目进行独立运行与审计，便于整合成果的发明人、所有人与出资人共担风险、共同开发、共享利润。政府相关部门对于战略技术或有市场前景的技术可以前期主动介入进行定点扶持，如湖北省科技厅出台了科技项目揭榜制工作实施方案，资金支持重点产业领域的技术攻关与成果转化。更多的非重点产业领域的项目需要企业化运作，除高价值专利的重点支持外，财政项目上也要支持孵化成本较低的简微专利，以便活跃广阔的专利市场。

襄阳市某信息技术有限公司结合城市内涝预警与一网统管建设（社会需求），选择开发超声波水面液位深度探测装置与预警系统（符合海绵城市与智慧城市主题）。团队加工出第一代产品，集超声波液位传感器、LORA 无线传输模块、低功耗供电系统于一体，经过密封设计，实现数据采集、传输及存储。实际测试暴露出耐久性问题，包括封装用耦合剂经受不住太阳暴晒导致缝隙，以及电池持续放电待机不超过 3 个月。与此同时，提交实用新型专利申请，具体涉及地埋式无线液位监测传感器。进一步地，优化产品方案，针对耦合剂问题，研发团队咨询胶粘专家改用耐高温胶。针对待机功耗问题，研发团队先后调整数据输出方式、改进 LORA 模块待机功耗、增加超级电容。智能化需要融合硬件传感器与软件的数据处理能力。立足于探测装置支撑，研发团队采用 JAVA + VUE 的开发方式研发了"襄阳市城市内涝系统监测系统平台"，涵盖气象预警、雨情分析、实时水位数据、历史数据统计、预警事件生成。目前该系统在襄阳市安装设备 30 多套，项目规模达 180 万元，目前运转正常。企业没有订单就没有生产，也就无法存活下去，项目创业的核心依然是产品必须有实际市场。

参考文献

［1］曹林涛. 双扇交叉型雨水篦子的性能分析［J］. 给水排水，2019，45（10）：77－80.

［2］曹林涛，刘松，韩越峰. 融雪防冰关键技术及发展趋势分析［J］. 建材世界，2010（5）：53－56.

［3］曹林涛，徐福卫，裴晓敏，等. 基于专利物化的实践教学设计［J］. 湖北文理学院学报，2021，42（1）：78－80.

［4］代丽洁. 要把"专利流氓"关进法律"牢笼"［N］. 中国知识产权报，2017－06－07.

［5］董文波. 高校专利转让和许可现状的问题及对策：基于湖北省20所本科高校面板数据的分析［J］. 中国高校科技，2021（9）：85－88.

［6］符繁荣. 新时代背景下大学生创新创业教育推进机制的构建［J］. 教育与职业，2018（7）：67－70.

［7］韩龙. 专利代理实务讲座教程及历年试题解析［M］. 北京：国防工业出版社，2015.

［8］韩秀成，雷怡. 培育高价值专利的理论与实践分析［J］. 中国发明与专利，2017，14（12）：8－14.

［9］黄河. 警惕专利流氓［J］. 企业研究，2018（11）：50－53.

［10］蒋雯雯. 企业应对专利流氓策略研究［J］. 现代商业，2017（1）：262－263.

［11］李一玮. 三一重工的专利布局态势分析［J］. 现代商贸工业，2017
（2）：134－135.

［12］刘静. 论我国对"专利流氓"的法律规制［D］. 湘潭：湘潭大
学，2015.

［13］刘运华. 建设知识产权强国背景下的专利布局策略探讨［J］. 中国
科技论坛，2016（7）：43－47.

［14］刘卓群. 我国独角兽企业的风险管理问题研究［J］. 知识经济，2017
（13）：96－97.

［15］罗亮. 澳大利亚大学生创新创业教育研究［J］. 学校党建与思想教
育，2018（2）：93－96.

［16］马天旗，赵星. 高价值专利内涵及受制因素探究［J］. 中国发明与
专利，2018，15（3）：24－28.

［17］沈健. 我国大学专利转化率过低的原因及对策研究［J］. 科技管理
研究，2021（5）：97－103.

［18］王美霞. 大学生创新创业教育现状调查及对策研究［J］. 中国大学
生就业，2018（3）：34－38.

［19］王云珠. 浅析如何利用创新需求促进山西中小企业技术创新政策建议
［J］. 科技创新与生产力，2018（4）：1－4.

［20］汪建斌. 宝洁公司在华专利布局态势分析［J］. 中国发明与专利，
2013（3）：47－54.

［21］文鼎宏. 阻碍创新发展的专利流氓［J］. 科学大观园，2016（12）：
4－7.

［22］吴汉东. 知识产权精要：制度创新与知识创新［M］. 北京：法律出
版社，2017.

［23］吴寿仁. 科技成果转化若干热点问题解析（十五）：如何选择科技成
果转化方式［J］. 科技中国，2018（8）：48－57.

［24］谢顺星，高荣英，瞿卫军. 专利布局浅析［J］. 中国发明与专利，
2012（8）：24－29.

［25］向永胜，古家军. 基于创业生态系统的新型众创空间构筑研究［J］. 科技进步与对策，2017，34（22）：20－24.

［26］杨金龙. 打造和完善中关村高层次科技成果转化人才体系［J］. 北京观察，2017（8）：5.

［27］杨婷娜，舒云天，徐磊，等. 云南省科技成果转化的现状及思考［J］. 经济师，2018（6）：152－153.

［28］杨延超，吴烁. 防止"专利流氓"对创新的阻碍［N］. 经济参考报，2018－01－17.

［29］虞斌. 新形势下中国高校专利管理问题分析［J］. 中国高校科技，2016（4）：10－12.

［30］袁晓斌. 科技成果转化与科技成果转化人才队伍建设研究［J］. 中国高新技术企业，2010（19）：5－6.

［31］岳宇君，胡汉辉. 科技型中小企业支持政策变迁的博弈模型与利益协调分析［J］. 经济与管理研究，2018，39（2）：99－107.